软件工程师培养丛书

计算机应用

翁高飞　　余晓刚　　编著

清华大学出版社

北　京

内 容 简 介

本书按照高等院校、高职高专计算机课程基本要求，以案例驱动的形式来组织内容，突出计算机课程的实践性特点。本书分为 7 个章节：计算机系统概述、常用软件、操作系统基础、文字处理软件 Word 2007、电子表格软件 Excel 2007、PowerPoint 2007 演示文稿制作、计算机网络和 Internet 基础等。

本书附赠 PPT 教学课件和案例源文件，这些教学资源可通过 http://www.tupwk.com.cn/downpage 下载。

本书内容安排合理，层次清楚，通俗易懂，实例丰富，突出理论与实践的结合，可作为各类高等院校、高职高专及培训机构的教材，也可作为全国计算机一级考试参考书目。

图书在版编目(CIP)数据

计算机应用/翁高飞，余晓刚 编著.—北京：清华大学出版社，2013.8

(软件工程师培养丛书)

ISBN 978-7-302-33289-3

Ⅰ.①计… Ⅱ.①翁… ②余… Ⅲ. ①计算机应用 Ⅳ.①TP39

中国版本图书馆 CIP 数据核字(2013)第 168794 号

责任编辑：刘金喜
封面设计：崔东方
版式设计：妙思品位
责任校对：曹 阳
责任印制：王静怡

出版发行：清华大学出版社

网　　　址：http://www.tup.com.cn, http://www.wqbook.com
地　　　址：北京清华大学学研大厦 A 座　　　邮　　编：100084
社 总 机：010-62770175　　　邮　　购：010-62786544
投稿与读者服务：010-62776969, c-service@tup.tsinghua.edu.cn
质 量 反 馈：010-62772015, zhiliang@tup.tsinghua.edu.cn
课 件 下 载：http://www.tup.com.cn,010-62794504

印 装 者：北京嘉实印刷有限公司
经　　销：全国新华书店
开　　本：185mm×260mm　　　印　张：10.75　　　字　数：167 千字
版　　次：2013 年 8 月第 1 版　　　印　次：2013 年 8 月第 1 次印刷
印　　数：1～5000
定　　价：24.00 元

产品编号：052215-01

前　言

计算机是人类在 20 世纪最突出、最具影响力的发明创造之一。近年来，随着计算机的普及和应用，计算机已经悄悄地走入了人们的生活，慢慢地改变着人们的生活方式。自从计算机发明以来，它以独特的优势诠释着自身的价值，为人类带来越来越多的便利。学习计算机已经成为热潮和生活技能。计算机等级考试、软件水平资格考试、计算机应用能力考试等百花齐放。各类大学对所有专业的学生都提出了学习计算机的要求，并列入公共基础课教学范围。

本书隶属于"软件工程师培养丛书"中的一本专业基础教材，该丛书是由武汉厚溥信息技术有限公司开发，以培养符合企业需求的软件工程师应用开发、实施为目标的 IT 职业教育丛书。在开发该丛书之前我们对 IT 行业的岗位序列作了充分的调研，包括研究从业人员技术方向、项目经验、职业素质等方面的需求，通过对面向的学生的特点、行业需求的现状以及实施等方面的详细分析，结合"厚溥"对软件人才培养模式的认知，按照软件专业总体定位要求，进行软件专业产品课程体系设计。该丛书集应用软件知识和多领域的实践项目于一体，着重培养学生的熟练度和规范性、集成和项目能力，从而达到预定的培养目标。

本书分为 7 个章节：计算机系统概述、常用软件、操作系统基础、文字处理软件 Word 2007、电子表格软件 Excel 2007、PowerPoint 2007 演示文稿制作、计算机网络和 Internet 基础。

我们对本书的编写体系做了精心的设计，按照"理论学习—知识总结—上机操作—课后习题"这一思路进行编排。"理论学习"描述通过本案例要达到的学习目的与涉及的相关知识点，使学习目标明确；"知识总结"部分概括本案例所涉及的知识点，使知识点完整系统地呈现；"上机操作"部分对案例进行详尽分析，通过完整的步骤帮助读者快速掌握该案例的操作方法；"课后习题"部分帮助读者理解章节的知识点。在内容编写方面，力求细致全面；在文字叙述方面，注意言简意赅、重点突出；在案例选取方面，强调案例的针对性和实用性。

　　本书凝聚了编者多年来的教学经验和成果，可作为各类高等院校、高职高专及培训机构的教材，也可作为全国计算机一级考试参考书目。

　　本书 PPT 教学课件和案例源文件可通过 http:www.tupwk.com.cn/downpage 下载。

　　本书由武汉厚溥信息技术有限公司组编，由翁高飞、余晓刚等多名企业实战项目经理编写。本书编者长期从事项目开发和教学实施，并且对当前高校的教学情况非常熟悉，在编写过程中充分考虑到不同学生的特点和需求，加强了计算机应用方面的教学。本书编写过程中，得到了武汉厚溥信息技术有限公司各级领导的大力支持，在此对他们表示衷心的感谢。

　　限于编写时间和编者的水平，书中难免存在不足之处，希望广大读者批评指正。

　　服务邮箱：wkservice@163.com。

编　者

2013 年 3 月

目　　录

第1章
计算机系统概述

 课程目标

▶ 理解硬件与软件

▶ 了解计算机硬件组成

▶ 熟练使用记事本

▶ 理解数制系统

▶ 了解计算机存储

简 介

纵观现代社会，计算机所起的作用实在是太大了，在某些方面连人类都望尘莫及。计算机正用它那"扎实肯干"、"永不疲倦"的作风向人类展示着它的实力和魅力。如今，在各行各业我们都能找到计算机的身影。计算机的作用已由最初的军事领域逐渐渗透到经济、文化、科技等各个领域。制造汽车，用人工又慢又不精确，生产效率不高，要解决这个问题，找计算机；编写文件写了又改，改了又写，浪费纸张，浪费时间，浪费精力，要解决，找计算机；破解人类遗传上的密码，研究人类遗传的载体——染色体，由人工计算、分析，显然是不可能的，怎么办？还是找计算机！1946 年 2 月 15 日诞生了世界上第一台通用电子数字计算机 ENIAC，该机器在当时就被用于计算弹道。时至今日，计算机更是被人们赋予了神通，它似乎已经无所不知，无所不晓，无所不能。可以毫不夸张地说，人类社会之所以会以前所未有的速度高速发展，并取得了巨大的成就，与计算机的作用是分不开的。

计算机已经为人们做了太多太多的工作，人们也越来越离不开计算机了。也许在未来的某一天，人们会说："没有饭吃，没有水喝没关系，但没有了计算机可不行。有了计算机可以输入命令，到网上购物，或者让它为你做饭做菜，并把饭菜送到你面前。"也许在现在看来，这是一个笑谈，可是谁又敢保证某一天这个笑谈不会成为事实，为人们所普遍接受呢？要知道，我们的前人也一样没有想到过有一天人们的生产、生活会与一个小匣子式的东西紧密地联系在一起。社会在发展，人类在进步，看着计算机日新月异的发展速度，就连制造、控制它的人，也不知道有了计算机的未来会是一个什么样的景象。这也许就是人类所不能及的吧！

生活在过去的年代不懂文字，常被人讥为文盲，而在现在的社会中不了解计算机，只怕会跟不上时代的进步。

由于技术的飞跃发展，计算机已从庞大的身躯缩小为一个小巧的盒子，进入了千家万户中，所以通常说的计算机一般情况下指的就是"家庭计算机"，又称"家庭电脑"或"个人电脑"(Personal Computer，PC)。

1.1　计算机发展史

在推动计算机发展的众多因素中，电子元器件的发展起着决定性的作用；另外，计算机系统结构和计算机软件技术的发展也起了重大的作用。从生产计算机的主要技术来看，计算机的发展过程可以划分为四个阶段。

1. 第一代：电子管时代(1946—1958 年)

第一代计算机的特征是采用电子管作为计算机的逻辑元件，内存储器采用水银延迟线，外存储器采用磁鼓、纸带、卡片等。运算速度只有每秒几千次到几万次基本运算，内存容量只有几千个字。用二进制表示的机器语言或汇编语言来编写程序。由于体积大、功耗大、造价高、使用不便，此类计算机主要用于军事和科研部门进行数值计算。代表性的计算机是 1946 年美籍匈牙利数学家冯·诺依曼与他的同事们在普林斯顿研究所设计的存储程序计算机 IAS，本意是要预测天气变化，虽然在预测天气方面还不够准确，但是 IAS 成功地完成了氢弹设计的复杂计算工作。它的设计体现了"存储程序原理"和"二进制"的思想，产生了所谓的冯·诺依曼型计算机结构体系，对后来计算机的发展有着深远的影响。电子管如图 1-1 所示。

图 1-1　电子管

2. 第二代：晶体管时代(1958—1964 年)

第二代计算机特征是用晶体管代替了电子管；大量采用磁芯做内存储器，采用磁盘、磁带等做外存储器；体积缩小、功耗降低、运算速度提高到每秒几十万次基本运算，内存容量扩大到几十万字。同时计算机软件技术也有了很大的发展，出现了 Fortran、ALGOL-60、COBOL 等高级程序设计语言，大大方便了计算机的使用。因此，它的应用从数值计算扩大到数据处理、工业过程控制等领域，并开始进入商业市场。代表性的计算机是 IBM 公司生产的 IBM-7094 机和 CDC 公司的 CDC-1604 机，机型如图 1-2 所示。

图 1-2　IBM 推出的 IBM709 大型计算机

3. 第三代：集成电路时代(1964—1975 年)

第三代计算机的特征是用集成电路(Integrated Circuit，IC)代替了分立元件，集成电路是把多个电子元器件集中在几平方毫米的基片上形成的逻辑电路。第三代计算机的基本电子元件是每个基片上集成几个到十几个电子元件(逻辑门)的小规模集成电路和每个基片上集成几十个元件的中规模集成电路。第三代计算机已开始采用性能优良的半导体存储器取代磁芯存储器，运算速度提高到每秒几十万到几百万次基本运算，在存储器容量和可靠性等方面都有了较大的提高。同时，计算机软件技术的进一步发展，尤其操作系统的逐步成熟是第三代计算机的显著特点。多处理机、虚拟存储器系统以及面向用户的应用软件的发展，大大丰富了计算机软件资源。为了充分利用已有的软件，解决软件兼容问题，出现了系列化的计算机。最有影响的是 IBM 公司研制的 IBM-360 计算机系列。这个时期的另一个特点是小型计算机的应用。DEC 公司研制的 PDP-8 机、PDP-11 系列机以及后来的 VAX-11 系列机等，都曾对计算机的推广起了极大的作用，如图 1-3 所示。

图 1-3　DEC 公司推出的 PDP-8 型计算机(标志着小型机时代的到来)

4. 第四代：大规模集成电路时代(1975 年至今)

第四代计算机的特征是以大规模集成电路(每个基片上集成成千上万个逻辑门，Large-Scale Integration，LSI)来构成计算机的主要功能部件，主存储器采用集成度很高的半导体存储器。运算速度可达每秒几百万次甚至上万亿次基本运算。在软件方面，出现了数据库系统、分布式操作系统等，应用软件的开发已逐步成为一个庞大的现代产业。第四代计算机外观中的笔记本电脑效果如图 1-4 所示。

图 1-4　苹果超薄笔记本电脑(最薄处只有 0.16 英寸)

当然，人类探索的脚步不会停止，最新一代机器也正在研制之中，它是一种采用超大规模集成电路的智能型计算机。这一代的基本体系结构与前四代有很大不同。前四代基本属于冯·诺依曼型的，即通常说的五官型(存储器、运算器、控制器、输入和输出设备)；而第五代机器将采用分布的、网络的、数据流的体系结构。在硬件上，它由推理机、知识库和智能接口机组成；在软件上，将由一个程序分别对硬件三大部分进行操作管理。它的主要特点是采用平行处理、联想式检索、以 PROLOG 为"机器语言"、以应用程序为用户呈现。因此，智能化程度显著提高，是一种更接近于人的计算机系统。

1.2 计算机系统构成

一个完整的计算机系统由硬件系统和软件系统两大部分组成，如图 1-5 所示。硬件(hardware)也称硬件设备，是计算机系统的物质基础。软件(software)是指所有应用计算机的技术，是看不见摸不着的程序和数据，但能感觉得到它的存在，它是介于用户和硬件系统之间的界面；它的范围非常广泛，普遍认为是指程序系统，是发挥机器硬件功能的关键。硬件是软件建立和依托的基础，软件是计算机系统的灵魂。没有软件的硬件(裸机)不能供用户直接使用。而没有硬件对软件的物理支持，软件的功能也无从谈起。所以把计算机系统当做一个整体来看，它既包含硬件，也包含软件，两者不可分割。硬件和软件相互结合才能发挥电子计算机系统的功能。

以上介绍的是计算机系统狭义的定义。广义的说法，认为计算机系统是由人员(people)、数据(data)、设备(equipment)、程序(program)和规程(procedure)五部分组成，如图 1-5 所示。本章只对狭义的计算机系统予以介绍。

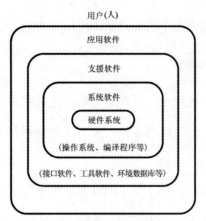

图 1-5　计算机系统层次结构

1.2.1　计算机的硬件系统

计算机的硬件系统由五大基本部件组成。

1. 输入设备(input unit)

将程序和数据的信息转换成相应的电信号，让计算机能接收，这样的设备叫做输入设备，如键盘、鼠标、触摸屏、光笔、扫描仪、数码相机等。

2. 输出设备(output unit)

能将计算机内部处理后的信息传递出来的设备叫做输出设备，如显示器、打印机、绘图仪、数码相机等。

3. 运算器(arithmetic unit)

运算器是计算机的核心部件，是对信息或数据进行加工和处理(主要功能是对二进制编码进行算术运算和逻辑运算)的部件。运算器由加法器(adder)和补码(complement)等组成。算术运算按照算术规则进行运算，例如进行加法运算时，把这两个加数送入加法器，在加法器中进行加法运算，从而求出和。逻辑运算一般指算术性质的运算。

4. 控制器(control unit)

控制器是计算机的神经中枢和指挥中心，计算机硬件系统由控制器控制全部动作。

运算器和控制器一起成为中央处理器(CPU)。

5. 存储器(memory unit)

计算机在处理数据的过程中，或在处理数据之后把数据和程序存储起来的装置叫做存储器。这是具有记忆功能的部件，分为主存储器和辅助存储器。

(1) 主存储器(main memory)

主存储器与中央处理器组装在一起构成主机，简称主存。主存储器是计算机硬件的一个重要部件，其作用是存放指令和数据，并能由中央处理器直接随机存取。现代计算机为了提高性能，又能兼顾合理的造价，往往采用多级存储体系。也就是说存储容量小、存取速度高的高速缓冲存储器，以及存储容量和存取速度适中的主存储器是必不可少的。从 20 世纪 70 年代起，主存储器已逐步采用大规模集成电路构成。用得最普遍的也最经济的是动态随机存储器芯片(DRAM)。1995 年集成度为 64MB(可存储 400 万个汉字)的 DRAM 芯片已经开始商业性生产，16MB DRAM 芯片已成为市场主流产品。DRAM 芯片的存取速度适中，一般为 50～70ns。1998 年 SDRAM 的后继产品为 SDRAM II (或称 DDR，即双倍数据速率)的品种上市。2008 年 DDR3 产品已成为主流。在追求速度和可靠性的场合，通常采用价格较高的静态随机存储器芯片(SRAM)，其存取速度可以达到 1～15ns。无论主存采用 DRAM 还是 SRAM 芯片构成，在断电时存储的信息都会"丢失"。所以对于完全固定的程序，数据区域可以采用只读存储器(ROM)芯片构成；主存的这些部分就不怕暂时供电中断，还可以防止病毒侵入。

(2) 辅助存储器(auxiliary memory)

主存储器存取速度快，但缺点是容量小、价格高。辅助存储器的存储容量一般较大，在存储系统中起扩大总存储容量的作用，简称外存或辅存。一个计算机系统的辅助存储器由一种或多种存储设备组成，如硬盘、软盘、光盘等。硬盘的内部传输率的决定因素之一是转速，转速是硬盘内电动机主轴的旋转速度，也就是硬盘盘片在一分钟内所能完成的最大转数，是区别硬盘档次的重要标志，单位为rpm(转/分钟)。硬盘的转速越快，磁头在单位时间内所能扫过的盘片面积就越大，从而使寻道时间和数据传输率得到提高。因此转速在很大程度上决定了硬盘的性能。目前 SCSI 接口硬盘的转速都达到了 10 000rpm，甚至 15 000rpm。

CPU 不能像访问内存那样，直接访问辅助存储器，辅助存储器要与 CPU 或 I/O 设备进行数据传输，必须通过内存进行。

内存、运算器和控制器(通常都安放在机箱内的主板上)统称为主机。输入设备和输出设备统称为输入输出设备(IO)。通常把输入输出设备和外存一起称为外围设备。外存既是输入设备，又是输出设备，如图 1-6 所示。

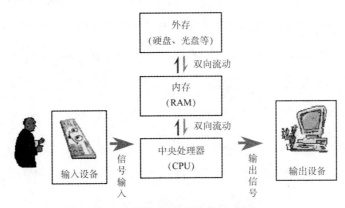

图 1-6　计算机体系结构示意图

图 1-7 列出了许多计算机的部件，你能识别出它们在计算机中分别起什么作用吗？

图 1-7　计算机主机部件

1.2.2 计算机的软件系统

软件系统(Software Systems)由系统软件、支撑软件和应用软件组成，它是计算机系统中由软件组成的部分。它包括操作系统、语言处理系统、数据库系统、分布式软件系统和人机交互系统等。

操作系统的主要功能是资源管理、程序控制和人机交互等。计算机系统的资源可分为设备资源和信息资源两大类。设备资源指的是组成计算机的硬件设备，如中央处理器、主存储器、磁盘存储器、打印机、磁带存储器、显示器、键盘输入设备和鼠标等。信息资源指的是存放于计算机内的各种数据，如文件、程序库、知识库、系统软件和应用软件等。操作系统位于底层硬件与用户之间，是两者沟通的桥梁。用户可以通过操作系统的用户界面输入命令。操作系统则对命令进行解释，驱动硬件设备，实现用户需求。

操作系统是一个庞大的管理控制程序，大致包括五个方面的管理功能：进程与处理机管理、作业管理、存储管理、设备管理、文件管理。

目前个人计算机上常见的操作系统有 Windows、Linux、MAC OS、UNIX、DOS、OS/2、XENIX、Netware 等，如图 1-8 和图 1-9 所示。

图 1-8　微软操作系统 Windows Vista 界面

图 1-9　苹果 MAC OS 操作系统界面

支撑软件是支撑各种软件的开发与维护的软件，又称为软件开发环境。它主要包括环境数据库、各种接口软件和工具组。著名的软件开发环境有 Genuitec 公司的 MyEclipse、Microsoft 公司的 Visual Studio.NET 等。

应用软件是专门为某一应用目的而编制的软件，较常见的有以下几类。

1. 文字处理软件

用于输入、存储、修改、编辑、打印文字材料等，如 Word、WPS 等。

2. 信息管理软件

用于输入、存储、修改、检索各种信息，如工资管理软件、人事管理软件、仓库管理软件、计划管理软件等。这种软件发展到一定水平后，各个单项的软件相互联系起来，计算机和管理人员组成一个和谐的整体，各种信息在其中合理地流动，形成一个完整、高效的管理信息系统，简称 MIS。

3. 辅助设计软件

用于高效地绘制、修改工程图纸，进行设计中的常规计算，帮助人们寻找到好的设计解决方案。

4. 实时控制软件

用于随时采集生产装置、飞行器等的运行状态信息，以此为依据按预定的方案实施自动或半自动控制，安全、准确地完成任务。

1.3　计算机存储

电脑存储器最小的存储单位是比特，也就是位(bit，简称 b)，它表示一个二进制位，比特是一种存在(being)的状态：开或关、真或假。比位大的单位是字节(Byte，简称 B)，它等于 8 个二进制位。

由于在存储器中含有大量的存储单元，每个存储单元可以存放 8 个二进制位，所以存储器的容量是以字节为基本单位的。每个英文字母要占一个字节，一个汉字要占两个字节。其他常用的单位还有千字节(Kilobyte，简称 KB，1KB 等于 1024B)、兆字节(Megabyte，简称 MB，1MB 等于 1024KB)和吉字节(Gigabyte，简称 GB，1GB 等于 1024MB)。

它们之间的关系为：

- 1Byte=8bit
- 1KB=1024Byte
- 1MB=1024KB
- 1GB=1024MB
- 1TB=1024GB

通常这些单位用于描述存储介质的容量，如硬盘。硬盘外观如图 1-10 所示。

图 1-10　硬盘背面

1.4　数制系统

我们从小就接触十进制数制系统，"逢 10 进 1"。它使用 0～9 来表示所有的数。例如，十进制数 123，3 在个位上表示数字 3，2 在十位上表示 20，1 在百位上表示 100。

按进位的原则进行计数，称为进位计数制，简称"数制"或"进制"。在日常生活中经常要用到数制，通常以十进制进行计数。除了十进制计数以外，还有许多非十进制的计数方法。例如，60 分钟为 1 小时，用的是六十进制计数法；1 星期有 7 天，是七进制计数法；1 年有 12 个月，是十二进制计数法。当然，在生活中还有许多其他各种各样的进制计数法。

在计算机系统中采用二进制来进行计算，其主要原因是电路设计简单、运算简单、工作可靠、逻辑性强。不论哪一种数制，其计数和运算都有共同的规律和特点。

数制的进位遵循逢 N 进一的规则，其中 N 是指数制中所需要的数字字符的总个数，称为基数。例如，十进制数用 0、1、2、3、4、5、6、7、8、9 等 10 个不同的符号来表示数值，这个 10 就是数字字符的总个数，也是十进制的基数，表示逢十进一。

任何一种数制表示的数都可以写成按"位权"展开的多项式之和，位权是指一个数字在某个固定位置上所代表的值，处在不同位置上的数字符号所代表的值不同，每个数字的位置决定了它的值或者位权。而位权与基数的关系是：各进位制中位权的值是基数的若干次幂。例如，十进制数210.34可以表示为：

$$(210.34)_{10}=2×10^2+1×10^1+0×10^0+3×10^{-1}+4×10^{-2}$$

位权表示法的原则是数字的总个数等于基数；每个数字都要乘以基数的幂次，而该幂次是由每个数所在的位置决定的。排列方式是以小数点为界，整数自右向左为0次方、1次方、2次方……，小数自左向右为负1次方、负2次方、负3次方……。

在计算机中，最常见的4种数制系统是十进制、二进制、八进制和十六进制。

1. 二进制数制系统

计算机中使用二进制来处理和存储所有的数据，"逢2进1"。它使用0和1来表示所有的数。例如，二进制数11等于十进制的3。

(1) 十进制转二进制方法

十进制转二进制可以使用除2反取余的方法，如$(255)_{10}$转成二进制的方法如下。

步骤1：将255连续除以2，直到商为0，如图1-11所示。

$(255)_{10}=(1111\ 1111)_2$

图1-11　十进制转二进制

步骤2：把每一次除以2的余数记录在除法计算过程的右侧，把所有的余数从下往上取出，得到的结果$(1111\ 1111)_2$就是 255 转换成二进制的结果。

(2) 二进制转十进制方法

二进制转十进制可以使用按权相加的方法，如$(1111\ 1111)_2$转成十进制的方法如下。

步骤 1：将二进制的每一位先写成加权系数展开式，然后按十进制加法规则求和，即

$$(1111\ 1111)_2 = 1\times2^7 + 1\times2^6 + 1\times2^5 + 1\times2^4 + 1\times2^3 + 1\times2^2 + 1\times2^1 + 1\times2^0$$

$$= 128 + 64 + 32 + 16 + 8 + 4 + 2 + 1$$

$$= 255$$

步骤 2：得到的结果就是该二进制转十进制的结果，即

$$(1111\ 1111)_2 = (255)_{10}$$

2. 八进制数制系统

计算机中使用二进制来处理数据，但是通常使用二进制表示一个数据就会很长，如 100100100。为了避免书写时的冗长，使用八进制来表示这些数据就会减少数字长度。"逢 8 进 1"，用 0～7 表示所有的数。

(1) 十进制转八进制

十进制转八进制的方法与十进制转二进制方法相同，但是采用"除 8 反取余"的计算方法。

(2) 八进制转十进制

八进制转十进制的方法与二进制转十进制方法相同，但是采用乘以 8 的 N 次方的计算方法。

3. 十六进制数制系统

由于二进制数与十六进制数具有特殊的关系，16 为 2 的 4 次方，所以在计算机应用中常常根据需要使用十六进制数。十六进制可以更加方便地缩短数据的长度，"逢 16 进 1"，分别用 0～9 和 A、B、C、D、E、F 表示。例如，绘图软件中的色彩设置值就会使用十六进制来表示色彩，如图 1-12 所示。

#FFFFF　#CCCCCC　#999999　#666666　#333333　#000000

图 1-12　白色、灰色和黑色，以及它们的十六进制代码

(1) 十进制转十六进制

十进制转十六进制的方法与十进制转二进制的方法相同，但是采用"除 16 反取余"的计算方法。

(2) 十六进制转十进制

十六进制转十进制的方法与二进制转十进制的方法相同，但是采用乘以 16 的 N 次方的计算方法。

将数由一种数制转换成另一种数制称为数制间的转换。由于计算机采用二进制，但用计算机解决实际问题时对数值的输入输出通常使用十进制，这就有一个十进制向二进制转换或由二进制向十进制转换的过程。也就是说，在使用计算机进行数据处理时首先必须把输入的十进制数转换成计算机所能接受的二进制数；计算机在运行结束后，再把二进制数转换为人们所习惯的十进制数输出。这两个转换过程完全由计算机系统自动完成，不需人们参与。

【小结】

- 计算机发展的阶段划分
- 计算机系统构成
- 计算机硬件
- 计算机软件
- 计算机存储单位
- 数制系统

【自测题】

1. 计算机的软件系统通常分为_____。

2. 1KB=_____B；1MB=_____KB。

3. 计算机中，中央处理器(CPU)由_____和_____两部分组成。

4. 每个汉字占_____个字节，每个英文字母占_____个字节。

5. 计算机的存储系统一般指主存储器和(　　)。

    A. 累加器   B. 寄存器

    C. 辅助存储器   D. 鼠标器

6. 下列十进制数与二进制数转换结果正确的有(　　)。

    A. $(8)_{10}=(110)_2$ B. $(4)_{10}=(1000)_2$

    C. $(10)_{10}=(1100)_2$ D. $(9)_{10}=(1001)_2$

7. 操作系统是一种(　　)。

    A. 系统软件   B. 操作规范

    C. 编译系统   D. 应用软件

8. 在微型计算机的下列各存储部件中读写信息，读写速度最快的是(　　)。

    A. 硬盘   B. 软盘

    C. 内存储器   D. 光盘

9. 目前我们使用的计算机基本是冯·诺依曼体系结构的，该类计算机硬件系统包含的五大部件是(　　)。

    A. 输入/输出设备、运算器、控制器、内/外存储器、电源设备

    B. 输入设备、运算器、控制器、存储器、输出设备

    C. CPU、RAM、ROM、I/O 设备、电源设备

    D. 主机、键盘、显示器、磁盘驱动器、打印机

【上机部分】

上机目标

- 理解硬件与软件
- 了解计算机硬件构成
- 熟练使用记事本
- 理解数制系统
- 掌握计算机存储
- 提高打字速度

上机练习

◆ 第一阶段 ◆

练习1：了解计算机硬件构成

问题描述：

查看自己正在使用的计算机，看看都包含哪些硬件，这些硬件分别有什么作用，和同学们一起讨论。

知识要点：

(1) 认识各种硬件。

(2) 鼠标的操作：移动、左键单击、左键双击、右键单击、拖曳。

(3) 显示器的颜色调整。

(4) 开机与关机。

鼠标的持法如图 1-13 所示。

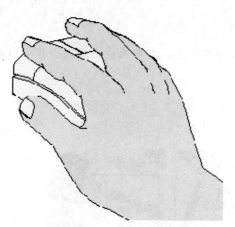

图 1-13　鼠标的持法

练习 2：了解计算机软件构成

问题描述：

查看自己正在使用的计算机，看看都包含哪些软件，这些软件分别有什么作用，和同学们一起讨论。

知识要点：

(1) 什么是注销？

(2) 什么是操作系统？它有什么用处？您正在使用的是什么操作系统？

(3) 查看自己的计算机里面都装了哪些软件？看看每个软件有什么作用。

(4) 如何打开 Windows 提供的画图板、记事本与计算器？如何使用它们？

◆　第二阶段　◆

练习 1：键盘与指法

问题描述：

同学们已经能够熟练地使用鼠标来控制计算机了，除了鼠标以外，键盘也是控制和使用计算机的一个重要的输入设备，我们可以通过键盘将命令、数字和文字等输入到计算机中，因此，熟练地操作键盘和熟练地操作鼠标一样，是操作计算机最基本的技能之一。

首先，要有一个良好的坐姿，如果坐姿不正确，将会引起肩膀、手腕疼痛，如图 1-14 所示。

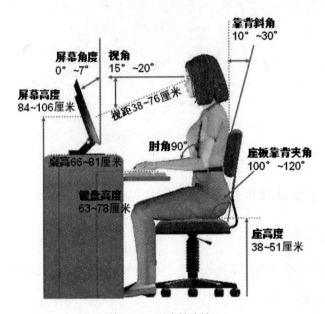

图 1-14　正确的坐姿

将计算机键盘上最常用的 26 个字母和常用符号依据位置分配给除大拇指外的 8 个手指。键盘上的 A、S、D、F、J、K、L 和一个符号键称为基准键位，如图 1-15 和图 1-16 所示。

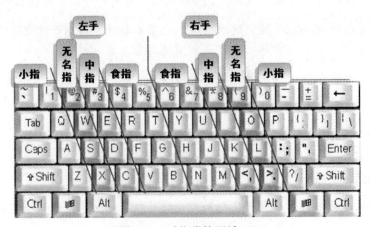

图 1-15　手指掌控区域(一)

图 1-16 手指掌控区域(二)

训练要点：

(1) 认识和熟悉键盘，掌握键盘分区、键的分类和常用功能键。

(2) 通过反复训练，掌握规范的键盘指法。

(3) 养成正确的键盘输入习惯。

练习 2：熟练输入文字

问题描述：

要输入文字，就离不开输入法，目前常用的有五笔、拼音、部首、笔画等输入法。选择自己喜欢的输入法，打开记事本，输入下面的一段文字：

考验 Vista

自从 Vista 系统在 2007 年 1 月份推出上市以来，因其兼容性差、人们不大乐意接受而备受指责。但是，Colin Erasmus 指出，XP 系统刚推出的时候，也有着同样的遭遇。而且，Vista 系统问题主要集中在用户所使用的 SP1 版本上面。

该公司称，现在还存在一些应用软件方面的兼容性问题，而且有几家大型原始设备制造商(OEMs)生产的 Vista 硬件也不够兼容。

现在，推出 SP1 版本的 Vista 系统后，微软坚定其有着良好的预期。"我们不大可能给你一个某些地区某些方面的数据，毕竟我们的信息是全球性的，不是孤立互不关联的。但是，可以告诉你们的是，多达 80%～90%装有 Vista 系统的机器正被出售给各大原始设备制造商。"Colin Erasmus 补充说道。

他继续指出，用户抱怨集中在软硬件的兼容性上面，为此，微软已经对 SP1 版本的 Vista 系统进行了改进。现在 Vista 系统可以实现与多达 77 000 种设备实现兼容，这远远超过了 XP 系统所能兼容的数量。

Windows 7 系统

微软在 2007 年发布全新系统后，将在三年后也就是 2010 年发布 Windows 7 操作系统。作为下一个版本的系统，公司现在正大力研究开发并不断完善，使之能够如期推出上市。Colin Erasmus 谈到将来的新产品开发时如是说道。

Windows 7 系统与现有的 Vista 系统并没有很大的不同。当前正在构建的新型系统使用的就是 Vista 的内核。

Windows 7 系统具有一个很突出的特点，那就是参考 Vista 用户中使用最多的功能，并把这些功能和相关特性引入到 Windows 7 系统，并且让用户获得更加舒适的使用体验。

"Windows 7 系统具有一个全新的特点，那就是它支持多样接触环境。"他最后指出，这种多样接触技术可以支持公司开发的多种附加设备。

训练要点：

(1) 切换输入法。

(2) 掌握记事本的各种功能。

(3) 熟练输入文字。

(4) 保存文档到任意位置。

【课后作业】

使用记事本输入一篇介绍自己特长与不足之处的文章，并对不足之处给出解决办法。

第2章
常用软件

 课程目标

▶ 了解常用软件的安装

▶ 掌握常用工具软件的使用

▶ 理解常用软件的共性

 **简 介**

计算机主要由两大部分组成：硬件和软件。如果没有软件，这样的电脑什么也干不了，它只是一堆电子元件。软件是一系列按照特定顺序组织的计算机数据和指令的集合。通常可以分为系统软件和应用软件。系统软件有常见的 Windows 操作系统、DOS 操作系统等；应用软件的范围比较广泛，涵盖了各行各业不同的功能、不同的应用，如平面设计用到的 Photoshop、文字排版工具 Word、杀毒软件 360、网络聊天软件 QQ 等。所以说，用电脑，用的就是软件。

本章将介绍几款常用软件，在实际的日常使用过程中，可能会使用的软件将会更多，希望能对读者起到抛砖引玉的作用。

2.1 网页浏览器

因特网把世界各地的计算机通过网络线路连接起来，进行数据和信息交换，从而实现了资源共享。因特网可以为人们的工作、学习和生活带来很大的便利。网上信息都是以网页的形式保存在网络中的，要浏览网上的信息，就需要使用专门的网络浏览器。目前，比较常用的网络浏览器是微软公司的 Internet Explorer 浏览器，简称 IE 浏览器。

2.1.1 认识 IE 浏览器

IE 浏览器随 Windows 操作系统安装而安装，在 Windows 操作系统中双击 Internet Explorer 图标，或者在 Windows 桌面单击"开始"→Internet Explorer 菜单项，可以启动 IE 浏览器。

启动 IE 浏览器后，打开的界面就是 IE 浏览器的主界面窗口，它由标题栏、菜单栏、工具栏、地址栏、网页浏览窗口和状态栏等几部分组成，如图 2-1 所示。

菜单栏 ——

地址栏 ——

—— 标题栏

—— 工具栏

—— 网页浏
览窗口

—— 状态栏

图 2-1 IE 浏览器的主界面窗口

标题栏：位于窗口的最上方，可以显示网页的标题；在右侧有最大化、最小化和关闭按钮。

菜单栏：主要包括 6 个菜单项，每个菜单项中有些常用的功能。

工具栏：主要以命令按钮的形式呈现出来，单击某个按钮就可以执行相应的功能。

地址栏：用于输入网页地址的地方，以文本框的形式呈现，在输入网址后单击右边的"转到"按钮，即可跳转到相应的网页。

网页浏览窗口：显示网页信息的部分。

状态栏：位于窗口的最下方，用来显示浏览器当前的信息。

2.1.2 浏览网页

任何网站、网页都会有一个与之对应的网址。要访问站点或页面，需要先输入它的网址，然后就可以进入该网站。

下面就在 IE 浏览器中打开网页，具体操作如下。

步骤 1：启动 IE 浏览器主界面窗口，在地址栏中输入准备访问网页的地址，如 http://www.163.com，然后单击"转到"按钮或者按 Enter 键。

步骤 2：IE 浏览器的状态栏将会显示当前正在连接的网站地址，并且可以看到窗口的底部出现一个进度条以显示打开网页的进度，当进度条走完出现"完成"的时候，整个网页加载就完成了，如图 2-2 所示。

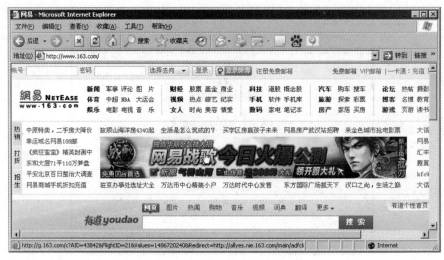

图 2-2　打开网页

2.1.3　在网页间切换

1. 利用超链接跳转

浏览网页的过程中，将鼠标移到网页上的一些文字或图片上的时候，鼠标会变成 的形状，这些文字或图片都是超链接。当单击这些文字或图片的时候，可以跳转到对应的网页，有时可能会跳转到另外的一个网站。利用超链接能在各个网页之间进行跳转的功能，实现了在互联网世界中的遨游。

2. 利用 IE 浏览器在浏览过的网页间跳转

IE 浏览器工具栏中提供了"后退"、"前进"、"停止"、"刷新"和"主页" 5 个按钮，单击相应的按钮即可在打开的网页间进行切换。

"后退"按钮：假设浏览网页的顺序是 A 页面→B 页面→C 页面，当前停止在 C 页面，单击"后退"将会退回到 B 页面。

"前进"按钮：继续前面的操作，当前停止在 B 页面，单击"前进"按钮会转到 C 页面。在 C 页面就无法前进了，"前进"按钮会是灰色无法单击的状态。

"停止"按钮：加载某一个页面是需要一段时间的，当加载到一半不想加载的时候，可以单击"停止"按钮，停止当前页面的加载。

"刷新"按钮：重新加载当前页面。

"主页"按钮：IE 浏览器打开时加载的页面，称为 IE 浏览器的主页。可以把经常浏览的页面设置为主页，如图 2-3 所示。

 小提示

> IE 浏览器设置主页：在 IE 浏览器的图标上右击，从弹出的快捷菜单中选择"属性"命令，打开"Internet 属性"对话框，在"常规"选项卡主页地址栏的文本框中输入想设置的主页 URL 地址(如图 2-3 所示)，单击"确定"按钮，完成设置。

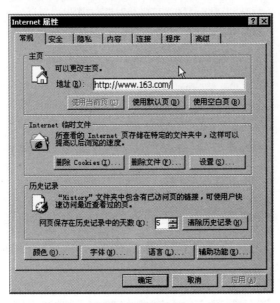

图 2-3　设置主页

2.2　下载软件(迅雷)

随着因特网的不断普及和发展，网上的信息和资源也越来越丰富。在网上浏览并搜索到很多有用的信息后，我们希望下载并保存到自己的电脑中。网际快车是一款专门用来下载网上资源的工具软件，同时还具有管理下载文件的功能。本节将介绍安装和使用网际快车的方法。

2.2.1 迅雷的安装

在使用迅雷前，首先应将其安装到电脑中。迅雷的安装程序可以在各大网站免费下载获得。具体的下载安装步骤如下。

步骤1：双击迅雷安装程序图标，弹出迅雷安装界面，被要求阅读《用户许可协议》，单击"接受"按钮进入下一步，如图2-4所示。

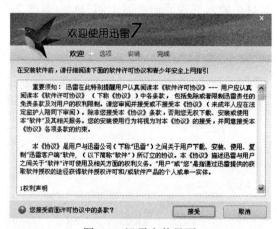

图 2-4　迅雷安装界面

步骤2：进入安装选项界面，根据自己的需要选择是否将迅雷的快捷方式添加到启动栏或桌面，各选择项以"√"的形式存在，可以把不需要的"√"去掉，如图 2-5 所示。然后单击"下一步"按钮。

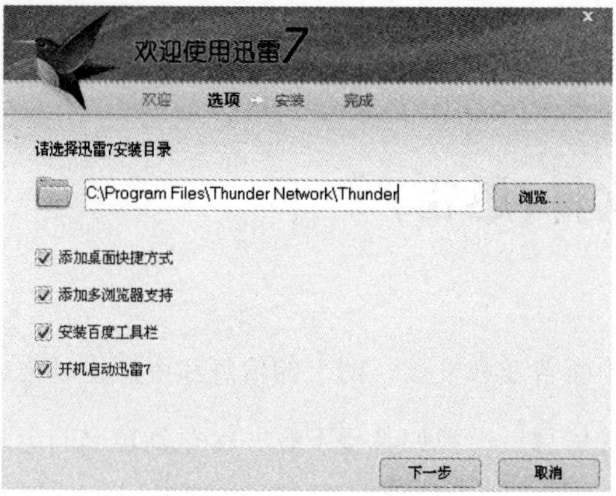

图 2-5　安装选项界面

步骤 3：选择迅雷将要安装到哪个目录下，默认的目录是 C:\Program Files\Thunder Network\Thunder，如果想更改安装目录可以单击目录输入文本框右侧的"浏览..."按钮，如图 2-6 所示。

图 2-6　选择安装目录

步骤 4：进入安装界面，会看到进度条的增长，如图 2-7 所示。

图 2-7　正在安装

直到迅雷安装完成，将会弹出"精品软件推荐"页面。此页面显示了迅雷推荐的软件和网页，如果不是特别需要，建议去掉这些软件前面的"√"，以阻止这些软件随迅雷的安装而安装，如图 2-8 所示。

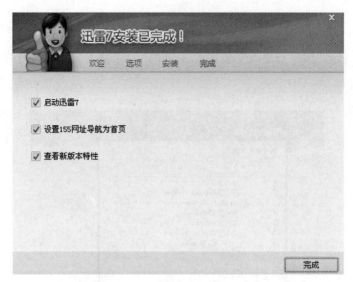

图 2-8　"精品软件推荐"页面

步骤 5：进入安装完成界面，单击"完成"按钮即可结束网际快车的安装，如图 2-9 所示。

图 2-9　安装完成

完成网际快车的安装后程序启动迅雷，第一次使用迅雷下载，软件会提示"设置迅雷默认下载目录"，根据需要在对话框中进行相应的设置，默认的下载目录是 C:\ TDDOWNLOAD。如果需要更改下载目录，可以单击"浏览..."按钮进行更改或手动输入一个新的路径完成更改，如下图 2-10 所示。

图 2-10　设置下载路径

2.2.2　下载网络资源

安装好迅雷，就可以使用它来下载网上资源了。下面以下载一个腾讯 QQ 安装程序为例简单介绍使用网际快车下载软件的方法。

步骤1：打开软件下载的网页窗口，如本例打算在腾讯网站下载一个腾讯 QQ 安装程序，可以先打开腾讯网站，单击网页右边的 QQ 软件，找到 QQ2013 Beta2，直接单击，即可弹出迅雷下载界面，如图 2-11 所示。

图 2-11　迅雷下载界面

步骤 2：在迅雷下载界面中进行相关的设置，如选择"存储路径"等，如图 2-12 所示。

图 2-12　设置存储路径

步骤 3：单击"立即下载"按钮后，迅雷就开始该软件的下载过程，可以在操作系统的桌面上看到迅雷的图标已经变成了速率 9.06KB/S 的样子，如图 2-13 所示。

图 2-13　迅雷的图标

这个图标显示了该软件下载的流量值，值越大表示下载的速度越快。

步骤 4：下载过程中，如果想知道当前下载数据的详细情况，可以使用鼠标双击图 2-13 所示的图标，此时会弹出迅雷的主界面，如图 2-14 所示。

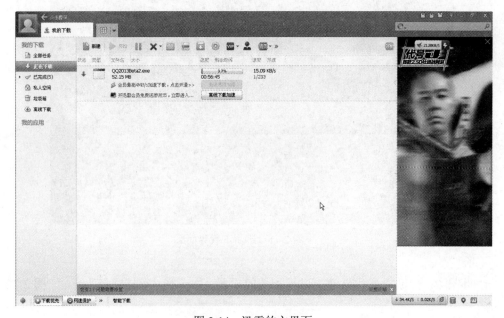

图 2-14　迅雷的主界面

当前下载的所有软件以及它们各自的大小、下载进度、速度等数据都可以在主界面中看到。

步骤 5：完成下载后，单击主界面中的"完成下载"菜单，会切换到迅雷已经下载完成的所有数据的显示界面。在此，可以找到刚刚下载的腾讯 QQ 安装程序。也可以在下载之前设置的"存储路径"对应的路径中找到刚刚下载的数据。

至此，完成了一个数据的下载。

2.3　网络聊天软件——腾讯 QQ

通过网络不仅可以与远在异地的朋友、亲人进行文字聊天，还可以进行语音、视频聊天，这样不但节省了长途话费，而且方式丰富多样。网上聊天是目前比较流行的一种聊天方式，可以进行网上聊天的软件有很多，如 MSN、腾讯 QQ、新浪 UC 和网易泡泡等。

QQ 是腾讯公司开发的一款基于 Internet 的即时通信软件，它支持在线聊天、视频电话、点对点断点续传文件、共享文件、网络硬盘、自定义面板和 QQ 邮箱等多种功能，并可与移动通信终端等多种通信方式相连，可以方便、实用、高效地联系他人。

2.3.1　使用腾讯 QQ 聊天

1. 申请 QQ 号码

将腾讯 QQ 聊天软件安装到电脑中后，还不能实现立即聊天，需要申请一个属于自己的 QQ 号码。可以在腾讯的官方网站找到 QQ 号码的申请链接，按照提示一步一步地完成 QQ 号码的申请后，腾讯会为我们分配一个免费的 QQ 号码，使用该号码和申请时填写的密码就可以在登录界面登录 QQ 了，如图 2-15 所示。

图 2-15　登录界面

2. 添加好友

成功登录腾讯 QQ 后，将自动打开 QQ2010 的工作界面窗口，如图 2-16 所示。

图 2-16　QQ 的工作界面窗口

要想和自己的好友进行聊天，还必须知道好友的 QQ 号码并在"我的好友"中添加该 QQ 号码。添加好友的步骤如下。

步骤 1：在 QQ 的主界面右下角单击"查找"按钮，在弹出的对话框中选择"精确查找"单选按钮并在"账号"文本框中输入好友的 QQ 号码，单击"查找"按钮，如图 2-17 所示。

图 2-17 输入账号

步骤 2：查找的结果将以列表的形式显示在界面上，选择你要添加的好友后，单击"添加好友"按钮，对方将会收到一个添加好友的消息，如图 2-18 所示。

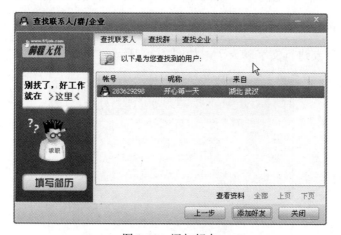

图 2-18 添加好友

步骤 3：成功添加好友后，可以在"我的好友"列表中看到刚刚添加的好友，如图 2-19 所示。

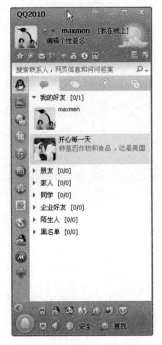

图 2-19 显示添加的好友

3. 与好友进行文字聊天

要与好友进行在线聊天，可以在 QQ 主界面上双击好友的图标，则弹出与该好友对话的窗口。将光标定位在下方发送信息文本框中，输入准备发送给好友的信息，单击"发送"按钮，好友回复的信息将显示在上方的接收信息区域中。这样就可以在该窗口中与好友进行文字聊天了，如图 2-20 所示。

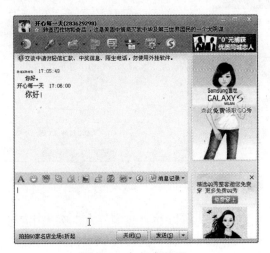

图 2-20 与好友聊天

小提示

在与好友进行聊天时，还可设置文字的格式，单击"设置字体颜色和格式"按钮A，在弹出的字体格式工具栏中即可进行设置。还可以单击"选择表情"按钮，来表达自己当时的心情。

2.3.2 使用 QQ 进行语音和视频聊天

如果准备与好友进行语音和视频同步聊天，需要先做好语音视频聊天的准备工作，最好先进行语音和视频测试，从而保证语音视频正常工作。

1. 进行语音和视频测试

在与好友聊天的界面中单击"开始视频会话"按钮右侧的小三角箭头，在弹出的菜单项中选择"视频设置"分别进行视频和语音测试，如图 2-21 和图 2-22 所示。

图 2-21 视频测试

图 2-22 语音测试

根据提示对 QQ 的语音和视频进行配置，以保证聊天时声音清楚、视频清晰。视频设置过程中看到的头像是自己本地的头像，可以适当调节。

2. 与好友进行语音和视频聊天

在完成语音和视频聊天的准备工作后，就可以与好友进行语音和视频聊天了。下面介绍语音和视频聊天的详细步骤。

步骤 1：在"我的好友"中双击好友的头像，打开与好友进行文字聊天的窗体。在窗体的工具栏中单击"开始视频会话"按钮。

步骤 2：等待对方接受邀请，如果想停止呼叫对方，可以单击右下角的"挂断"按钮，如图 2-23 所示。

图 2-23　开始视频会话

步骤 3：在对方接受语音和视频聊天请求后即可以在右侧的视频窗口中看到对方，并可以使用麦克风和对方进行语音聊天了。视频窗口的右下角会显示自己的本地视频，自己对本地视频调整的情况可以在此显示，以方便对方接收更清晰的视频，如图 2-24 所示。

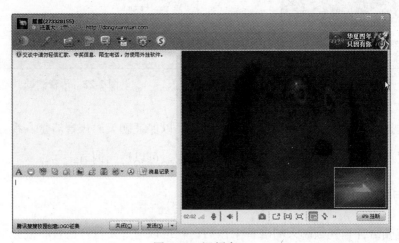

图 2-24　视频窗口

步骤 4：如果自己是语音视频聊天的被邀请方，可以在聊天窗口中看到如图 2-25 所示的界面，只需要单击"接受"按钮就可以同意对方的语音视频请求，并开始语音视频聊天。

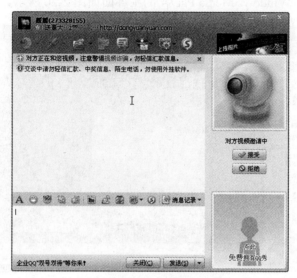

图 2-25　被邀请语音视频聊天窗口

当然，如果不愿意和对方进行语音视频聊天，也可以单击"拒绝"按钮，结束对方的视频邀请。

步骤 5：语音视频聊天的过程中，可以单击右下角的"挂断"按钮，以中止此次语音视频聊天。

2.4　音/视频播放软件

Windows Media Player 是 Windows 系统自带的一款多功能媒体播放器，不但可以播放 CD、MP3、MAV 和 MIDI 等音频文件，而且还可以播放 AVI、RMVB、WMV、VCD 光盘和 MPEG 等视频文件。除此之外，Windows Media Player 还可以收听全世界范围内的电台广播。

2.4.1 启动 Windows Media Player

在 Windows 操作系统上单击"开始"→"程序"→ Windows Media Player 以启动该款播放器。Windows Media Player 的主界面如图 2-26 所示。

图 2-26　Windows Media Player 的主界面

- 播放列表：显示当前正在播放和准备播放的文件。

- 视频播放区域：播放视频的时候在此区域中显示视频。

- 播放控制区：用于控制音频或视频的播放。

播放控制区的多功能项如下所述。

- 播放：在停止状态下开始播放音频或视频，在播放状态下用于暂时停止播放。

- 停止：用于停止音频或视频的播放。

- 上一个、下一个：用于选择播放列表中当前播放文件的上一个文件或下一个文件。

- 静音：关闭当前播放的音频或视频的声音。

- 音量：用于调节当前播放音频或视频的声音大小。

- 播放进度条：拖动进度条的滑块可以定位到播放内容的任意位置。

2.4.2 用 Windows Media Player 播放音/视频

使用 Windows Media Player 可以播放电脑硬盘中多格式的音乐或视频文件。下面介绍播放音乐视频文件的详细步骤。

步骤 1：打开 Windows Media Player。

步骤 2：打开"我的电脑"，找到想要播放的音乐或视频文件，将想要播放的文件拖曳到视频播放区域，文件可以立即开始播放，如图 2-27 所示。

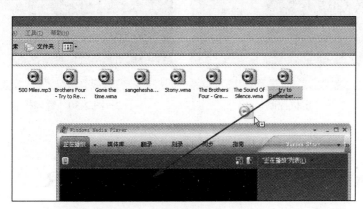

图 2-27 拖曳播放的文件

步骤 3：如果想要播放的音乐或视频文件以 Windows Media Player 的图标显示，可以直接双击该图标，以启动 Windows Media Player 对文件进行播放。

步骤 4：如果 Windows Media Player 已经有一个正在播放的文件，新加入的文件不打算中断正在播放的文件，可以把新加入的文件拖动到右侧的播放列表中。这样在当前文件播放完成后会接着播放新加入的文件，如图 2-28 所示。

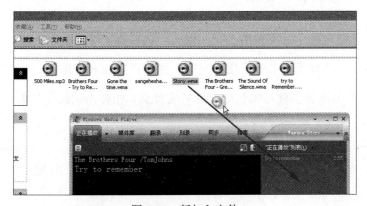

图 2-28 新加入文件

步骤 5：音乐或视频播放的过程中可以通过下面的控制区域对正在播放的文件进行控制，如播放、暂停、停止、调整声音大小等，如图 2-29 和图 2-30 所示。

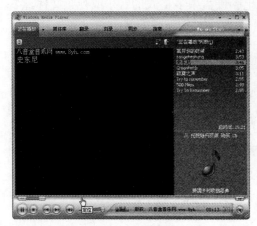

图 2-29　定位控制　　　　　　　　　　图 2-30　暂停控制

2.5　压缩和解压缩软件——WinRAR

WinRAR 是使用最为广泛的压缩和解压缩工具，具有界面友好、使用方便、压缩率高和速度快等优点，使用它可以将比较大的软件压缩，也可以将压缩的软件解压。本节将介绍使用 WinRAR 创建压缩包、打开压缩文件和解压压缩包的方法。

WinRAR 可以从各大下载网站下载获得。

2.5.1　压缩文件和数据

如果保存在电脑中的文件所占空间太大，可以将文件和数据创建为压缩包存储在电脑磁盘中，这样不但节省了磁盘空间，也便于查找和使用。

步骤1：右击准备创建压缩包的文件或文件夹，在弹出的快捷菜单中选择"添加到压缩文件"命令，如图 2-31 所示。

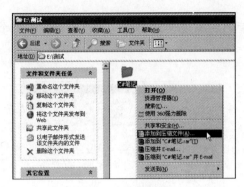

图 2-31　快捷菜单

步骤2：弹出"压缩文件名和参数"对话框，在"压缩文件名"文本框中输入压缩文件名称，如"C#笔记.rar"，在"压缩文件格式"区域中选中 RAR 单选按钮，单击"确定"按钮，如图 2-32 所示。

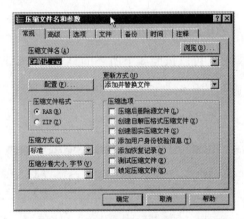

图 2-32　"压缩文件名和参数"对话框

步骤3：弹出"正在创建压缩文件"对话框，同时显示压缩文件的进度，压缩完成后，将在磁盘中创建一个压缩文件包文件，如图 2-33 所示。

图 2-33　"正在创建压缩文件"对话框

步骤4：压缩完成后在原来的文件夹相同的位置会生成一个 RAR 文件，如图 2-34 所示。

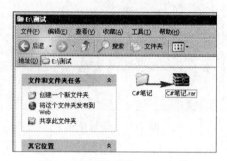

图 2-34　压缩后的 RAR 文件

2.5.2　解压缩文件和数据

使用 WinRAR 解压缩压缩包操作很简单，只需要双击压缩包，在打开的"解压缩"窗口中进行操作即可。可以按照如下所述的具体操作步骤进行操作。

步骤1：双击准备解压的压缩文件包，打开"文件解压缩"窗口，单击"解压到"按钮，如图 2-35 所示。

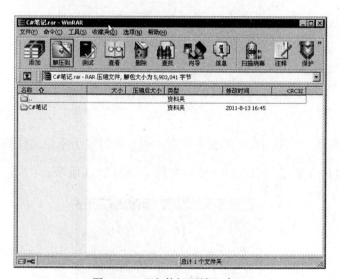

图 2-35　"文件解压缩"窗口

步骤2：弹出"解压路径和选项"对话框，在"目标路径"列表框中选择文件准备保存的文件夹，其他选项可以保存默认值，单击"确定"按钮，弹出"正在从解压"对话框并开始解压，完成后的解压数据将被保存在指定的文件夹中，如图 2-36 所示。

图 2-36 "解压路径和选项"对话框

步骤 3：解压完成后，在设置的目标路径文件夹中可以看到解压后的结果，如图 2-37 所示。

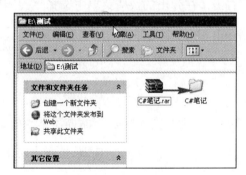

图 2-37 解压结果

【小结】

- 了解常用软件的安装

- 掌握常用工具软件的使用

- 理解常用软件的共性

【自测题】

1. 软件通常分为系统软件和(　　)。

　　A. 工具软件　　　　　　　　　　B. 应用软件

　　C. 编译软件　　　　　　　　　　D. 办公软件

2. 暴风影音属于(　　)常用工具。

　　A. 系统类　　　　　　　　　　　B. 图像类

　　C. 多媒体类　　　　　　　　　　D. 网络类

3. 退出软件的方法比较简单，以下几种方法中，(　　)不能正常退出软件。

　　A. 单击标题栏右上角的"×"

　　B. 在标题栏上双击

　　C. 双击标题栏左侧的图标

　　D. 在标题栏上右击，在弹出的快捷菜单中选择"关闭"命令

4. 一般情况下，WinRAR 压缩文件夹的后缀通常为(　　)。

　　A. gif　　　　　　　　　　　　　B. zip

　　C. rar　　　　　　　　　　　　　D. bmp

5. 在对计算机病毒进行防治的方法中，下面描述不当的是(　　)。

　　A. 加强管理　　　　　　　　　　B. 从技术上防治

　　C. 用清洗剂清洗电脑　　　　　　D. 加强法律约束

【上机部分】

上机目标

- 掌握 Windows 操作系统自带的常用软件

● 掌握 WinRAR 压缩文件的加密

● 理解常用工具软件的共性并学会举一反三

上机练习

◆ 第一阶段 ◆

练习 1：使用"计算器"

问题描述：

一台已经安装好 Windows 操作系统的计算机，已经随 Windows 操作系统的安装而安装了很多工具软件，这些工具软件为我们平时的使用提供了极大的方便。例如，可以利用 Windows 操作系统自带的计算器进行常规计算、科学计算和转换等。

参考步骤：

启动 Windows 操作系统后，单击"开始"→"程序"→"附件"→"计算器"，可以打开 Windows 操作系统自带的计算器，如图 2-38 所示。

图 2-38　计算器

在这个计算器中，可以进行常规的数学计算，如输入 123*456=，可以显示计算结果：56088。数字的输入可以用鼠标单击界面上的按钮实现，也可以使用计算机小

键盘右侧的 "+"、"–"、"*"、"/"、"=" 以及单击数据键来实现。

选择 "查看" → "科学型" 命令，将当前的计算器变成科学计算器，如图 2-39 所示。

图 2-39　科学计算器

在科学计算器中可以进行常用的科学计算，默认选择的值的形式是 "十进制"、"角度" 值。例如输入 30，单击 "sin"，显示 0.5。

如果要进行进制转换，可以在 "十进制" 选择的情况下，输入一个数字值，如输入 "255"，然后选择 "二进制"，随即显示 "11111111"，也就是 255 的二进制值是 11111111。

练习 2：使用 "画图"

参考步骤：

启动 Windows 操作系统后，单击 "开始" → "程序" → "附件" → "画图"，可以打开 Windows 操作系统自带的画图板，如图 2-40 所示。

在画图的主界面上会自动打开一个未保存的白纸，主界面的左侧有常用的绘图工具，可以单击使用。

选择 "文件" → "打开" 命令，可以打开一个图片文件，利用画图工具可以对该图片文件做出一些简单的说明，如图 2-41 所示。

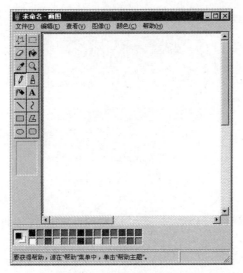

图 2-40　画图板

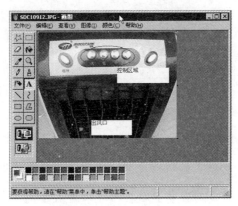

图 2-41　打开图片文件

画图工具可以对图片做一些简单的修改或者绘制一些简单的图形。但是复杂图形图像的修改及平面设计不会使用这些工具。

练习 3：使用 WinRAR 给压缩文件加密

WinRAR 除了可以给文件加密，还可以给加密的文件增加密码，这样，当使用者打开加密了的压缩文件时，是需要输入相符合的密码的，如果没有密码，这个压缩文件将无法打开。压缩文件的步骤如下：

(1) 右击要压缩的文件夹，从弹出的快捷菜单中选择"添加到压缩文件"命令，在弹出的"压缩文件名和参数"对话框中选择"高级"选项卡，如图 2-42 所示。

图 2-42 "高级"选项卡

(2) 单击"设置密码"按钮，弹出"带密码压缩"对话框，输入打算加密的密码，如"123456"，然后单击"确定"按钮，如图 2-43 所示。

图 2-43 "带密码压缩"对话框

(3) 回到"压缩文件名和参数"对话框，单击"确定"按钮，压缩开始，完成后的压缩文件就是一个加密了的压缩文件。使用者如果要使用这个加密了的压缩文件，在解压缩或打开文件的时候将会被提示要求输入密码。

◆ 第二阶段 ◆

练习：练习使用"写字板"

在 Windows 操作系统中单击"开始"→"程序"→"附件"→"写字板"，练习使用写字板。用以下的文本，输出成如图 2-44 所示的样式，并打印输出。

Windows操作系统概述

Windows 系列操作系统是如今个人计算机上使用最为广泛的操作系统之一。其第一个版本 Windows 1.0 于 1985 年面世，屏本质为基于 MS-DOS 系统之上的图形用户界面的 16 位系统软件，但其同时具有许多操作系统的特点。Windows 1.X 和

Windows 2.X 的市场反应不是很好，并未占据大量的市场份额，但从 Windows 3.X 开始，Windows 操作系统逐渐成为使用最为广泛的桌面操作系统之一。从 Windows 3.0 开始，Windows 系统提供了对 32 位 API 的有限支持。1995 年 8 月 24 日发售的 Windows 95 则是一个混合的 16 位/32 位 Windows 系统，其仍然基于 DOS 核心，但也引入了部分 32 位操作系统的特性，具有一定的 32 位操作系统的处理能力。但与此同时，微软开发了 Windows NT 核心，并在 2000 年 2 月发布了基于 NT 5.0 核心的 Windows 2000，正式取消了对 DOS 的支持，成为纯粹的 32 位操作系统。微软又于 2001 年发布了 Windows 2000 的改进型号——Windows XP，大幅度增强了操作系统的易用性，成为了最成功的操作系统之一，直到 2012 年，其市场占有率也只是降至第二。2006 年年底，微软发布了基于 NT 6.0 核心的新一代操作系统 Windows Vista，提供了新的图形界面 Windows Aero，大幅度提高了操作系统的安全性，但市场反应惨淡，其市场份额始终未超过 Windows XP。为了挽回市场形象，微软于 2009 年推出了 Windows Vista 的改进型 Windows 7，重新获得了成功。之后，2012 年微软推出了支持 ARM CPU，取消了开始菜单，带有 Metro 界面的 Windows 8 以抵御 iPad 等平板电脑对 Windows 地位的影响。但效果令广大消费者不满意，微软决定在 2013 年 6 月 23 日发布 Windows 8.1 开发者预览版，此版本为 Windows 8 的改进版本，恢复了开始菜单。

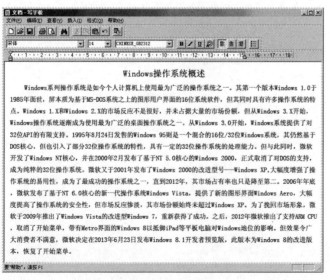

图 2-44　效果图

【课后作业】

1. 如何打开第一阶段练习 3 中已经加密的压缩文件？

2. 下载一个"暴风影音"，并尝试使用它。

第3章
操作系统基础

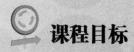 **课程目标**

- ▶ 操作系统
- ▶ 文件系统
- ▶ 常用 DOS 命令
- ▶ 常用 Windows 操作

 简　介

操作系统(Operating System，OS)，操作系统是控制其他程序运行，管理系统资源并为用户提供操作界面的系统软件的集合。

在计算机系统中，操作系统占据着重要的地位，它位于硬件和用户之间，一方面它向用户提供接口，方便用户使用计算机；另一方面它能够管理计算机硬件、软件资源，以便合理充分地利用这些系统资源。其他所有的软件如汇编程序、编译程序、数据库管理系统等系统软件以及大量的应用软件都将依赖于操作系统的支持，取得它的服务。

我们都知道，计算机是一种机器，它只能理解电脉冲所形成的二进制数据，而我们所有的人如何告诉计算机我们需要它做什么呢？我们用自己的语言告诉它行不行？显然不行，我们需要一种方式或一种接口，该接口将我们发出的指令转换为计算机能够理解的语言，于是出现了操作系统。

操作系统不仅可以协调各种硬件之间的工作，它还可以控制应用程序的执行。如 Word、Excel、PowerPoint、QQ、MSN、IE 等。

3.1　操作系统的功能

操作系统的主要功能是资源管理、程序控制和人机交互等。计算机系统的资源可分为设备资源和信息资源两大类。设备资源指的是组成计算机的硬件设备，如中央处理器、主存储器、磁盘存储器、打印机、磁带存储器、显示器、键盘输入设备和鼠标等。信息资源指的是存放于计算机内的各种数据，如文件、程序库、知识库、系统软件和应用软件等。

3.1.1　资源管理

资源管理是操作系统的一项主要任务，而控制程序执行、扩充及其功能、屏蔽使用细节、方便用户使用、组织合理工作流程、改善人机界面等，都可以从资源管理的角度去理解。下面就从资源管理的观点来看操作系统所具有的几个主要管理功能：

(1) 处理器管理；

(2) 存储管理；

(3) 设备管理；

(4) 文件管理；

(5) 网络与通信管理；

(6) 用户接口。

3.1.2　程序控制

一个用户程序的执行自始至终都是在操作系统控制下进行的。一个用户将他要解决的问题用某一种程序设计语言编写了一个程序后就将该程序连同对它执行的要求输入到计算机内，操作系统就根据要求控制这个用户程序的执行直到结束。

程序控制关键的部件是处理器，对处理器的管理归结为进程和线程的管理，其包括：①进程控制和管理；②进程同步和互斥；③进程通信；④进程死锁；⑤处理器调度，又分高级调度，中级调度，低级调度等；⑥线程控制和管理。

3.1.3　人机交互

操作系统的人机交互功能是决定计算机系统"友善性"的一个重要因素。人机交互功能主要靠可输入输出的外部设备和相应的软件来完成。可供人机交互使用的设备主要有键盘显示、鼠标、各种模式识别设备等。与这些设备相应的软件就是操作系统提供人机交互功能的部分。人机交互部分的主要作用是控制有关设备的运行和理解并执行通过人机交互设备传来的有关的各种命令和要求。早期的人机交互设备是键盘显示器。操作员通过键盘输入命令，操作系统接到命令后立即执行，并将结果通过显示器显示。输入的命令可以有不同方式，但每一条命令的解释是清楚的、唯一的。

人机交互是操作系统提供的一组友好的用户接口，其接口包括：程序接口、命令接口、图形接口。

3.2 操作系统的分类

操作系统可按多种方式进行分类，其中的一些方式如下：

(1) 根据使用操作系统的用户数量来分类。

(2) 根据操作系统提供的用户界面来分类。

3.2.1 用户数量

根据使用操作系统的用户数量，操作系统可分为单用户系统和多用户系统。

(1) 单用户系统

如果计算机只为一个用户提供服务，该系统就称为单用户操作系统，如MS-DOS。

(2) 多用户系统

如果计算机能为多个用户提供服务，允许按不同用户身份登录或允许同时多个用户登录则称为多用户操作系统，如 Windows 2003 或者 Linux。

3.2.2 用户界面

用户通过界面与计算机进行交互。用户界面包含以下两种类型。

1. 基于字符的用户界面

基于字符的界面是只显示文本字符的界面。要与计算机进行交互，就必须输入一组称为命令的指令。基于字符的界面最常见的是 MS-DOS(Microsoft-Disk Operating System，微软磁盘操作系统)。

基于字符的界面有以下几个缺点：

(1) 需要记忆很多命令。

(2) 错误处理能力差。

(3) 对计算机的操作必须通过键盘来完成。

2. 图形用户界面

图形用户界面(GUI)是利用屏幕上的图标、菜单和对话框来表示程序、文件和选项。可以使用鼠标选择来使用这些组件。图形用户界面最常见的有 Microsoft Windows。

3.3　MS-DOS 操作系统

从 1981 年问世至今，DOS 经历了 7 次大的版本升级，从 1.0 版到现在的 7.0 版，不断地改进和完善。但是，DOS 系统的单用户、单任务、字符界面和 16 位的大格局没有变化，因此它对于内存的管理也局限在 640KB 的范围内。

DOS 最初是为 IBM-PC 开发的操作系统，因此它对硬件平台的要求很低，即使对于 DOS 6.0 这样的高版本 DOS，在 640KB 内存、40MB 硬盘、80286 处理器的环境下也可正常运行，因此 DOS 系统既适合于高档微机使用，又适合于低档微机使用。

常用的 DOS 有三种不同的品牌，它们是 Microsoft 公司的 MS-DOS、IBM 公司的 PC-DOS 以及 Novell 公司的 DR-DOS，这三种 DOS 都是兼容的，但仍有一些区别，三种 DOS 中使用最多的是 MS-DOS。

DOS 系统的一个最大的优势是它支持众多的通用软件，如各种语言处理程序、数据库管理系统、文字处理软件、电子表格等。而且围绕 DOS 开发了很多应用软件系统，如财务、人事、统计、交通、医院等各种管理系统。鉴于这个原因，尽管 DOS 已经不能适应 32 位机的硬件系统，但是仍广泛流行，而且在未来的几年内也不会很快被淘汰。

3.3.1　命令解释器

由于现在的计算机中已经很少使用 DOS 系统了，所以一般都是使用 Windows 操作系统中附带的命令提示符窗口，或叫 DOS 窗口。

要启动 Windows 2003 中的命令提示符窗口，可选择"开始"→"运行"命令，然后输入 cmd。此时将出现一个显示命令提示符的界面。

3.3.2　常用 DOS 命令

下面列出了一些常用的 DOS 命令。这些命令可在命令提示符下输入，不区分大小写，所有"[]"中的部分称为参数，有些命令的参数是可选择部分，但有些命令必须带有参数才能使用，不同的参数会使命令产生一些不同的效果。

(1) help：为 DOS 命令提供帮助信息

help [command]

其中，command 的位置可以写任意一个命令，写哪个命令就会得到哪个命令的帮助。例如，输入 help dir 则可以查看到 dir 命令的帮助。

(2) dir：显示一个目录下的文件和子目录列表以及文件的详细资料

dir [drive:] [path] [/p] [/q] [/s]

其中：

[driver:]表示驱动器名称。

[path]表示目录路径。

[/p]表示分页显示目录内容。

[/q]Windows 是多用户操作系统，使用此参数即"DIR/Q"文件、目录时，将显示出文件、目录的用户属性。

[/s]表示显示当前目录及其子目录中所有文件的列表。

(3) copy：将一个或多个文件复制到另一个位置

copy [filename] [destination path]

其中：

[filename]表示要复制的文件名。

[destination path]表示将文件复制到的驱动器名称或文件夹名称。

(4) move：将文件或目录从一个位置移动到另一个位置

```
move [filename] [destination]
```

[filename]表示要移动的文件名。

[destination]表示将文件移动到的路径或文件夹名称。

(5) md 或 mkdir：新建目录

```
md [drive] [path] [directoryname]
```

[drive]表示驱动器名称。

[path]表示即将创建的目录的路径。

[directoryname]表示所要创建的目录的名称，此参数必须要有。

(6) cd：改变当前目录

```
cd [dir name] [\] [..]
```

[dir name]用于指定目录的名称。

[\]表示转到根目录。

[..]表示退至上一级目录。

(7) del：删除目录中的文件

```
del [filename]
```

[filename]表示要删除的文件。

(8) ren：文件重命名

```
ren [filename] [newfilename]
```

[filename]表示文件的原始名称。

[newfilename]表示指定给文件的新名称。

(9) rd 或 rmdir：删除目录

rd [directoryname]

[directoryname]表示要删除的目录的名称。

3.4　图形用户界面系统

用户与设计良好的图形用户界面进行交互比学习复杂的命令语言更容易。例如，当用户看到"打印"字样的按钮时，可明白单击该按钮即可打印文件。基于图形用户界面的操作系统包括 Windows 95、Windows NT、Mac OS、Windows 2000、Windows XP、Windows 2003、Windows Vista 等。

3.5　文件系统

文件系统是操作系统用于明确磁盘或分区上的文件的方法和数据结构，即在磁盘上组织文件的方法。也指用于存储文件的磁盘或分区，或文件系统种类。磁盘或分区和它所包括的文件系统的不同是很重要的。大部分程序基于文件系统进行操作，在不同种文件系统上不能工作。一个分区或磁盘能作为文件系统使用前，需要初始化，并将记录数据结构写到磁盘上。这个过程就叫建立文件系统。文件系统具有如下类型。

1. FAT16 文件系统

很多操作系统支持 FAT16(16 位文件分配表)，其兼容性最好，但分区最大只能到2GB，并且空间浪费现象比较严重。并且由于 FAT16 文件系统是单用户文件系统，不支持任何安全性及长文件名。

2. FAT32 文件系统

微软公司推出的一种新的文件分区模式 FAT32(32 位文件分配表)采用了 32 位的文件分配表，管理硬盘的能力得到极大地提高，轻易地突破了 FAT16 对磁盘分区容量的限制，达到了创纪录的2000GB，从而使得我们无论使用多大的硬盘都可以将它们定义为一个分区，极大地方便了广大用户对磁盘的综合管理。更重要的是，在一个分区不超过 8GB 的前提下，FAT32 分区每个簇的容量都固定为 4KB，这就比 FAT16 要小了许多，从而使得磁盘的利用率得到极大地提高。FAT32 是现在比较常用的分区格式，像 Windows 9X、Windows ME、Windows 2000、Windows XP 等操作系统均支持此分区格式。

3. NTFS 文件系统

NTFS 是 Windows NT 所采用的一种磁盘分区方式，它虽然也存在着兼容性不好的问题(目前仅有 Windows NT、Windows 2000、Windows XP 等操作系统才支持 NTFS，其他如 DOS、Windows 9X、Windows ME 等操作系统都不支持)，但它的安全性及稳定性却非常好。NTFS分区对用户权限做出了非常严格的限制，每个用户都只能按照系统赋予的权限进行操作，任何试图超越权限的操作都将被系统禁止，同时它还提供了容错结构日志，可以将用户的操作全部记录下来，从而保护了系统的安全。另外，NTFS 还具有文件级修复及热修复功能，分区格式稳定，不易产生文件碎片等优点，这些都是 FAT 分区格式所不具备的。这些优点进一步增强了系统的安全性。由于 NTFS 的簇最大只有 4KB，因此它是最有效利用磁盘空间的文件系统。

3.6　Windows 文件管理

计算机可以用来存储数据，那么如何能够准确地找到我们需要用到的数据，如照片、电影、音乐等？计算机将这些数据保存在相应的文件中。

为了更方便地组织和管理大量文件，可以使用文件夹。文件夹中可存放文件和子文件夹，子文件夹中可以存放子文件夹，这种包含关系使得 Windows 中的所有文件夹形成一种树形结构，如图 3-1 所示的资源管理器的左窗口。桌面相当于文件夹树形结构的"根"，根下面的系统文件夹有"我的文档"、"我的电脑"、"网上邻居"和"回收站"，如图 3-1 所示。

图 3-1　资源管理器的左窗口

3.6.1　Windows 资源管理器

　　Windows 利用资源管理器实现对系统软、硬件资源的管理。它使用户在需要时能轻松地访问并使用计算机中的所有文件。

1. 打开资源管理器的方法

　　(1) 在"我的电脑"或其他任何一个文件夹图标上右击，从弹出的快捷菜单中选择"资源管理器"命令。

　　(2) 在"开始"按钮上右击，从弹出的快捷菜单中选择"资源管理器"命令。

　　(3) 选择"开始"→"程序"→"附件"→"Windows 资源管理器"命令，打开如图 3-2 所示的资源管理器窗口。

图 3-2 Windows 资源管理器

2. 资源管理器窗口的组成

前面介绍了一般窗口的组成元素，而资源管理器的窗口更具代表性，也更能体现 Windows 的特点。资源管理器窗口中除了一般窗口的元素(如标题栏、菜单栏、状态栏等)外，还有功能丰富的工具栏。

资源管理器的工作区分成左、右两个窗口，左、右窗口中间有分隔条，鼠标指向分隔条成为双向箭头时，可拖动鼠标改变左、右两窗口的大小。

状态栏中可显示选定对象所占用的磁盘空间以及磁盘空间剩余情况等信息。

资源管理器的工具栏有"标准按钮栏"、"地址栏"和"链接栏"等。

(1) "标准按钮栏"中的内容有若干个形象的工具图标按钮，提供了对资源管理器某些常用的菜单命令的快捷访问。

(2) "地址栏"中详细列出了用户访问的当前文件夹的路径。地址栏为用户访问自己计算机的资源和网络的资源提供了很大的方便，它的操作方法如下：

① 用户可以在地址栏的文本框中输入一个新的路径，然后按 Enter 键，资源管理器将自动按新的路径定位当前文件夹。

② 单击地址栏右边的向下箭头，从下拉列表中选择一个新的位置。

③ 如果用户计算机正在连接上网，可以在地址栏中输入一个 Web 地址，按

Enter 键，Windows 提供的网络功能将按地址自动在网上寻找对应的站点。

④ 如果用户计算机正在连接上网，可以在地址栏中输入一个关键词，按 Enter 键，Windows 提供的网络功能将按关键词在网上寻找对应的站点。

(3) "链接栏"中提供了链接若干重要 Web 站点(如 www.microsoft.com 站点)的快捷方式。

文件夹树形结构框和当前文件夹内容框资源管理器工作区的左窗口中显示着整个计算机资源的文件夹树形结构，所以也常常称为"文件夹树形结构框"或"文件夹框"。在文件夹树中，每个文件夹与其上一级文件夹之间用连线表示出它们的关系。在文件夹树中选定的当前文件夹，图标呈开口状，标识名高亮反显，位置显示在地址栏中。

资源管理器工作区的右窗口中显示着当前文件夹(在左窗口中选定的)中的内容，所以也常常称为"当前文件夹内容框"，或简称为"文件夹内容框"。

资源管理器的许多操作是针对选定的文件夹或文件进行的，因此展开文件夹、折叠文件夹、选定文件夹或文件成为它的基础操作。

(1) 展开文件夹

在资源管理器的左窗口中，一个文件夹的左边有"+"符号时，表示它有下一级文件夹。用鼠标单击这个"+"号，可使其在左窗口中展开下一级文件夹；若双击这种文件夹的图标，同样可使其在左窗口中展开下一级文件夹，同时将使该文件夹成为当前文件夹。

(2) 折叠文件夹

在资源管理器的左窗口中，一个文件夹的左边有"−"符号时，表示它在左窗口中展开了下一级文件夹，用鼠标单击这个"−"号，可令其将下一级文件夹折叠起来；同样，双击文件夹图标，也可折叠文件夹，并使其成为当前文件夹。

(3) 选定文件夹

当需要选定的文件夹出现在左窗口中时，用鼠标单击这个文件夹的图标，便选定了这个文件夹，这时该文件夹即是所谓的"当前文件夹"。在左窗口中选定文件夹，常常是为了在右窗口中展开它所包含的内容。若需要选定的文件夹在右窗口中，指向它便可以选定它，在右窗口中选定文件夹，常常是准备对文件夹做进一步的操作，如复制、删除等。

(4) 选定文件

首先要使目标文件显示在右窗口中，然后将鼠标指向这个文件的图标即可。如果要选定几个连续的文件，可将鼠标指向第一个文件，按住 Shift 键再移动鼠标指向最后一个文件；如果要选定几个不连续的文件，可将鼠标指向某一个文件，按住 Ctrl 键再移动鼠标指向其他文件。

3.6.2　文件与文件夹的管理

1. 新建文件或文件夹

(1) 在桌面上和任一文件夹中新建文件或文件夹

在桌面的空白位置上右击，从弹出的快捷菜单中选择"新建"，出现其下一层菜单，如图 3-3 所示。若要新建一个文件(如 Microsoft Word 文档)，则将鼠标指向在"新建"的下一层菜单中的"Microsoft Word 文档"，单击鼠标左键，立即会在桌面上生成一个"新建 Microsoft Word 文档"的图标，双击该图标可启动 Word，并展开新文档的窗口，进入创建文档内容的过程。若要新建一个文件夹，则将鼠标指向在"新建"的下一层菜单中的"文件夹"，单击鼠标左键，立即会在桌面上生成一个名为"新建文件夹"的图标。

在打开的任一文件夹中的空白位置上右击，也将出现类似图 3-3 所示的快捷菜单，新建文件或文件夹的方法与在桌面上的操作完全相同。

(2) 利用资源管理器在特定文件夹中新建文件或文件夹

在资源管理器左窗口中选定该文件夹，在右窗口中右击，也将出现快捷菜单，新建文件或-文件夹的方法与前面所述相同。

(3) 启动应用程序后新建文件

这是新建文件的最普遍的办法。启动一个特定应用程序后立即进入创建新文件的过程，或从应用程序的"文件"菜单中选择"新建"命令来新建一个文件，如图 3-3 所示。

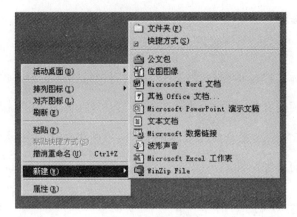

图 3-3　新建操作

2. 打开文件夹的方法

(1) 将鼠标指向文件夹的图标，双击左键。

(2) 在文件夹的图标上右击，从弹出的快捷菜单中选择"打开"命令。

3. 打开文档文件的方法

(1) 将鼠标指向文档文件的图标，双击左键，便可以启动创建这个文件的 Windows 应用程序，并在文档窗口中展开这个文件的内容。

(2) 在文档文件的图标上右击，从弹出的快捷菜单中选择"打开"命令，同样可以启动创建这个文件的 Windows 应用程序，并在文档窗口中展开这个文件的内容。

(3) 拖动文档文件的图标，放到与它相关联的应用程序上，也可以启动应用程序并打开文档文件。

非文档文件是非 Windows 应用程序创建的文件。在这种文件图标上右击，从弹出的快捷菜单中选择"打开"命令，将出现如图 3-4 所示的窗口，为它选择要使用的应用程序后，单击"确定"按钮。但即使这样，有时也不能完整展现这个文件的全貌。

图 3-4　"打开方式"窗口

4. 文件或文件夹的更名方法

从文件或文件夹的快捷菜单中选择"重命名"命令，文件或文件夹图标下的标识名框进入可编辑状态，输入新文件名后，按 Enter 键。

5. 文件或文件夹的移动方法

(1) 利用快捷菜单

鼠标指向文件或文件夹图标并右击，从弹出的快捷菜单中选择"剪切"命令(执行"剪切"命令后，图标将显示暗淡)，定位目的位置，在目的位置的空白处右击，从弹出的快捷菜单中选择"粘贴"命令，便可以完成文件或文件夹的移动。

如果在文件夹窗口或资源管理器窗口中，利用"编辑"→"剪切"命令和"编辑"→"粘贴"命令，按照上述方法，同样可以实现项目的移动。

(2) 利用快捷键

选定文件或文件夹，按 Ctrl+X 键，执行剪切；到目的位置，按 Ctrl+V 键，执行粘贴。

(3) 鼠标拖动法

在桌面或资源管理器中均可以利用鼠标的拖动操作，完成文件或文件夹的移动。若在同一驱动器内移动文件或文件夹，则直接拖动选定的文件或文件夹图标，到目的文件夹的图标处，释放鼠标键即可；若移动文件或文件夹到另一驱动器的文件夹中，则拖动时需按住 Shift 键。这种方法不适于长距离的移动。

6. 文件与文件夹的复制方法

(1) 利用快捷菜单

鼠标指向文件或文件夹图标并右击，从弹出的快捷菜单中选择"复制"命令，定位目的位置(可以是别的文件夹或当前文件夹)，在目的位置的空白处右击，从弹出的快捷菜单中选择"粘贴"命令，便可以完成文件或文件夹的复制。

在文件夹窗口或资源管理器窗口中，利用"编辑"→"复制"命令和"编辑"→"粘贴"命令，按照上述方法，同样可以实现项目的复制。

(2) 利用快捷键

选定文件或文件夹，按 Ctrl+C 键，执行复制；到目的位置，按 Ctrl+V 键，执行粘贴。

(3) 鼠标拖动法

在桌面或资源管理器中均可以利用鼠标的拖动操作，完成文件或文件夹的复制。若复制文件或文件夹到另一驱动器的文件夹中，则直接拖动选定的文件或文件夹图标，到目的文件夹的图标处，释放鼠标键即可；若复制文件或文件夹到同一驱动器的不同文件夹中，则拖动时需按住 Ctrl 键。这种方法不适用长距离的复制。

7. 文件或文件夹的删除

从文件或文件夹的快捷菜单中选择"删除"命令，文件或文件夹将被存放到"回收站"中。在"回收站"中再次执行删除操作，才真正将文件或文件夹从计算机的外存中删除。

删除文件或文件夹还可以用鼠标将它们直接拖放到"回收站"中。如果拖动文件或文件夹到"回收站"的同时按住了 Shift 键，则从计算机中直接删除该项目，而不暂存到"回收站"中。

8. 被删除的文件或文件夹的恢复方法

(1) 在文件夹或资源管理器窗口可以执行撤销命令。

(2) 打开回收站，选定准备恢复的项目，从快捷菜单中选择"还原"命令，将它们恢复到原位。

9. 文件或文件夹属性的查看与设置

要了解文件或文件夹的有关属性，可以从文件或文件夹的快捷菜单中选择"属性”命令，出现如图 3-5 或图 3-6 所示的窗口。

图 3-5　文件属性

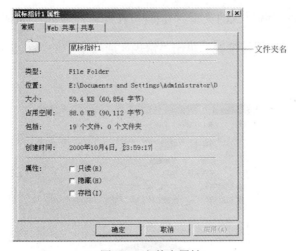

图 3-6　文件夹属性

从图 3-5 中可以看出，文件的常规选项卡包括文件名、文件类型、文件打开方式、文件存放位置、文件大小、创建和修改时间、文件属性等。而文件属性有存档、只读、隐藏三种。

(1) 存档属性表示该文件未做过备份，或上次备份后又做过修改。

(2) 只读属性。设定此属性后可防止文件被修改。

(3) 隐藏属性。一般情况下，有此属性的文件将不出现在桌面、文件夹或资源管理器中。

后两种属性均表示文件的重要性。

利用"常规"选项卡"属性"栏的复选框，可以设置文件的属性。

文件夹属性窗口"常规"选项卡的内容基本与文件相同，而"共享"选项卡可以设置该文件夹是否成为网络上共享的资源。

3.7　磁盘管理

在"我的电脑"或"资源管理器"窗口中，想了解某磁盘的有关信息，可右击其图标，从弹出的快捷菜单中选择"属性"命令，在属性窗口的"常规"选项卡(如图 3-7 所示)中可以了解磁盘的类型、卷标(可在此修改卷标)、采用的文件系统(FAT 或 FAT32)以及空间使用等情况。单击"常规"选项卡中的"磁盘清理"按钮，可以启动磁盘清理程序。

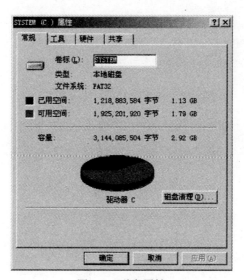

图 3-7　磁盘属性

属性窗口的"工具"选项卡(如图 3-8 所示)实际上提供了三种磁盘维护操作。

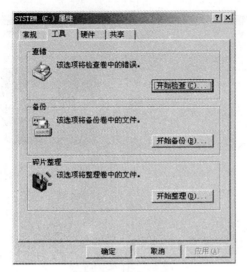

图 3-8　磁盘工具

3.8　任务管理

3.8.1　任务管理器简介

1. 任务管理器的作用

任务管理器可以向用户提供正在计算机上运行的程序和进程的相关信息。一般用户主要使用任务管理器来快速查看正在运行的程序的状态，或者终止已停止响应的程序，或者切换程序，或者运行新的任务。利用任务管理器还可以查看 CPU 和内存使用情况的图形表示等。

2. 任务管理器的打开

右击任务栏，从弹出的快捷菜单中选择"任务管理器"命令，就可以打开如图 3-9 所示的任务管理器窗口。

在任务管理器的"应用程序"选项卡中，列出了目前正在运行中的应用程序名；在"性能"选项卡中显示 CPU 和内存的使用情况图形。

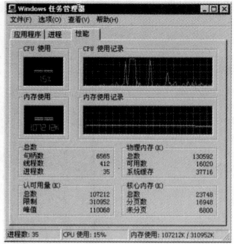

图 3-9　任务管理器

3.8.2　应用程序的有关操作

这里对应用程序的启动、应用程序的关闭、应用程序之间的切换、应用程序中菜单和命令的使用等操作进行小结，另外介绍一些其他的有关操作。

1. 应用程序的启动

(1) 利用"开始"菜单的"程序"菜单项中的快捷方式。

(2) 利用桌面或任务栏或文件夹中的应用程序快捷方式，或直接选择应用程序图标。选择方法也有多种：单击目标；从目标的快捷菜单中选择"打开"命令；选定目标后选择"文件"→"打开"命令。

(3) 利用"开始"菜单中的"运行"菜单项。

(4) 利用任务管理器，在任务管理器的"应用程序"选项卡中单击"新任务"按钮，在"打开"文本框中输入要运行的程序名，单击"确定"按钮。

2. 应用程序之间的切换

(1) 利用任务栏活动任务区中的按钮。

(2) 利用 Alt+Tab 组合键。

(3) 在任务管理器的"应用程序"选项卡中选定要切换的程序名，单击"切换至"按钮。

3. 关闭应用程序与结束任务

关闭应用程序通常指正常结束一个程序的运行，方法有：

(1) 按 Alt+F4 组合键。

(2) 单击窗口中的关闭按钮，或选择"文件"→"退出"命令。

(3) 双击控制菜单按钮，或单击控制菜单按钮后，选择"关闭"命令。

结束任务的操作通常指结束那些运行不正常的程序的运行，可以利用任务管理器，在任务管理器的"应用程序"选项卡中选定要结束任务的程序名，然后单击"结束任务"按钮。如果利用早期 Windows 版本中所提供的按 Ctrl+Alt+Del 组合键结束不正常任务的方法，也必须从出现的对话框中选择任务管理器来结束任务。

4. 添加新程序

(1) 自动执行安装

目前不少软件安装光盘中附有 Autorun 功能，将安装光盘放入光驱就自动启动安装程序，用户根据安装程序的引导就可以完成安装任务。

(2) 运行安装文件

从"开始"菜单中选择"运行"，单击"浏览"按钮，找到程序安装盘中的安装文件，双击此安装文件，回到"运行"对话框，单击"确定"按钮。

(3) 利用"添加/删除程序"

在控制面板中双击"添加/删除程序"项，在出现的添加/删除程序窗口中单击"添加新程序"按钮，如图 3-10 所示。一般从软盘或光盘安装程序，因此可单击"光盘或软盘"按钮，再根据系统的引导完成新程序的添加。

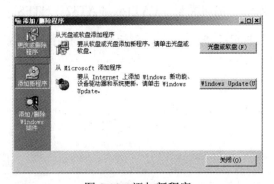

图 3-10　添加新程序

5. 删除无用程序

在控制面板中双击"添加/删除程序"项，在出现的"添加/删除程序"窗口中，单击"更改或删除程序"按钮，如图 3-11 所示。

图 3-11　更改/删除程序

在窗口中选定待删除的项，然后单击"更改/删除"按钮。

添加或删除 Windows 组件可在"添加/删除程序"窗口中，单击"添加/删除 Windows 组件"按钮。

【小结】

- 操作系统是计算机和用户之间的接口

- 当命令或程序以图形的方式出现时，它就是基于图形用户界面的操作系统

- 文件系统分为以下不同类型：FAT16、FAT32、NTFS

- 任务管理器工具用于查看和终止运行的多余程序或进程

【自测题】

1. 以下(　　)不是资源管理器能够实现的功能。

A. 查看磁盘、磁带中的文件及文件夹

B. 进行文件及文件夹的剪切、复制、粘贴

C. 查看 CPU 及内存的使用情况

D. 打开当前计算机磁盘中的应用程序

2. 以下( )不是 DOS 操作系统能够实现的功能。

A. 为多用户提供服务

B. 进行文件的剪切、复制、粘贴

C. 进行文件的重命名

D. 查看磁盘驱动器中的文件和文件夹

3. 以下关于任务管理器描述不正确的是( )。

A. 任务管理器可以用于查看当前计算机中正在运行的应用程序

B. 任务管理器可以用于打开和关闭计算机中的应用程序

C. 任务管理器可以用于关闭计算机

D. 任务管理器可以用于打开和关闭网络中的某一台计算机

4. 如何打开任务管理器？简述任务管理器的作用。

5. 简述在资源管理器中，如何选定一个特定的文件夹使之成为当前文件夹，又如何在一个特定文件夹下新建一个子文件夹或删除一个子文件夹。

【上机部分】

上机目标

掌握常用 DOS 命令

上机练习

◆ 第一阶段 ◆

练习：DOS 命令

问题描述：

理解 dir、del 和 cd 命令。

知识要点：

(1) dir/w：此命令以宽列表格式显示详细信息，如图 3-12 所示。

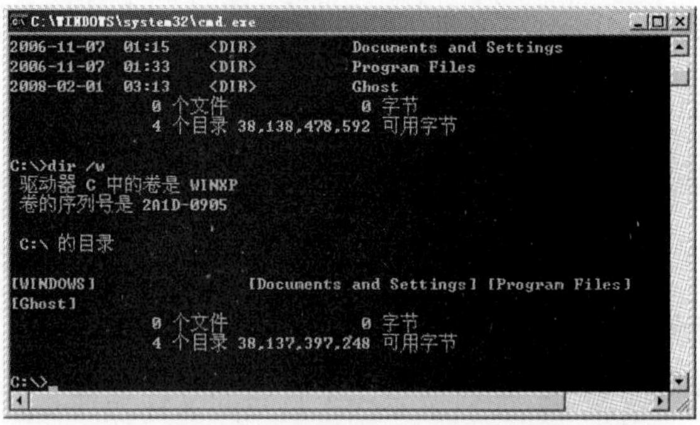

图 3-12　宽列表显示目录

(2) dir/p：此命令分页显示文件和目录列表，即在显示每一屏信息之后都会暂停，如图 3-13 所示。

图 3-13　分页显示目录

(3) cd..：此命令将当前目录转到更高一级的父目录，如图 3-14 所示。

图 3-14 转到父目录

(4) cd\：此命令将当前目录转到最高级目录，即驱动器的根目录，如图 3-15 所示。

图 3-15 转到根目录

(5) del [filename]/p：此命令在删除文件之前将先提示是否确认删除，如图 3-16 所示。

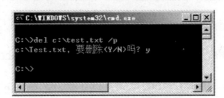

图 3-16 "删除"命令的使用

◆ 第二阶段 ◆

练习 1：列举下列快捷键的功能

- Ctrl+A

- Alt+F4

- Ctrl+Esc

- Shift+Del

- F5

- Shift+Ctrl+Esc

- Ctrl+Z
- Alt+Tab
- F3
- Windows+E

提示：

可分别打开资源管理器、记事本来试验这些功能键的作用。

练习 2：输入下面的文本

Windows Server 2008 is the most advanced Windows Server operating system yet, designed to power the next-generation of networks, applications, and Web services. With Windows Server 2008 you can develop, deliver, and manage rich user experiences and applications, provide a highly secure network infrastructure, and increase technological efficiency and value within your organization.

Windows Server 2008 builds on the success and strengths of its Windows Server predecessors while delivering valuable new functionality and powerful improvements to the base operating system. New Web tools, virtualization technologies, security enhancements, and management utilities help save time, reduce costs, and provide a solid foundation for your information technology (IT) infrastructure.

Windows Server 2008 provides a solid foundation for all of your server workload and application requirements while also being easy to deploy and manage. The all new Server Manager provides a unified management console that simplifies and streamlines server setup, configuration, and ongoing management. Windows PowerShell, a new command-line shell, helps enable administrators to automate routine system administration tasks across multiple servers. Windows Deployment Services provides a simplified, highly secure means of rapidly deploying the operating system via network-based installations. And Windows Server 2008 Failover Clustering wizards, and full Internet Protocol version 6 (IPv6) support plus consolidated management of Network Load Balancing, make high availability easy to implement even by IT generalists.

The new Server Core installation option of Windows Server 2008 allows for installation of server roles with only the necessary components and subsystems without a graphical user interface. Fewer roles and features means minimizing disk and service footprints while reducing attack surfaces. It also enables your IT staff to specialize according to the server roles they need to support.

提示：

使用记事本练习，注意练习复制和粘贴的快捷键。

【课后作业】

1. 预习 Word 的使用，把以上练习 2 的内容输入到 Word 文档中，命名为 Win2008. docx。

2. 搜索具有不同扩展名的文件。

第4章
文字处理软件
Word 2007

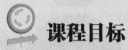 **课程目标**

▶ 掌握 Word 2007 的基本操作

▶ 文档的基本编辑和排版技巧

▶ 使用 Word 2007 制作表格

▶ 掌握 Word 2007 的图像处理

▶ 文档打印设置

简 介

本章将介绍目前世界上最流行的文字编辑软件之一——Microsoft Office Word 2007。Word 2007 是微软公司的 Office 办公软件系列之一，Office 办公软件系列是目前世界上最流行的办公软件系列，其中主要的组件有 Word 2007、Excel 2007、PowerPoint 2007、Access 2007、Project 2007 等。我们将在后续的章节中学习如何使用 Excel 2007 和 PowerPoint 2007。

Word 2007 虽然不是功能最强大的文字处理软件，但却是使用最广泛、最普及的文字处理软件，它主要的优点就是易用性强，为用户提供了一个友好易用的图形操作界面，能非常方便地实现文字处理的各种功能，使用它我们可以轻松地编排出精美的文档。作为软件工程师，经常会编写各种工作文档，所以掌握如何使用 Word 2007 编辑文档是必要的。下面就来学习如何使用 Word 2007。

4.1 Word 2007 的基本操作

本节将介绍 Word 2007 的一些基本操作以及操作窗口的组成。

4.1.1 启动 Word 2007

启动 Word 2007 最直接的方式就是通过"开始"菜单启动。首先单击 Windows 操作系统左下角的"开始"按钮，然后选择"程序"子菜单，如图 4-1 所示。

图 4-1 打开 Word 2007

4.1.2　Word 2007 操作窗口简介

启动 Word 2007 后会看到如图 4-2 所示的工作窗口。Word 2007 的工作窗口主要包括 Office 按钮、标题栏、菜单栏、工具栏、文档窗口和状态栏几大部分，如图 4-2 所示。

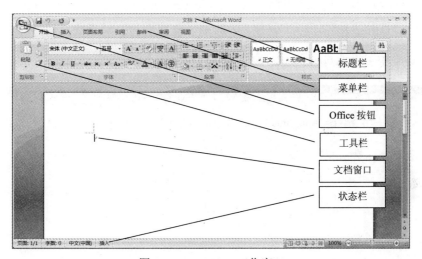

图 4-2　Word 2007 工作窗口

(1) 标题栏：标题栏位于 Word 2007 操作界面的最上端，标题栏中显示的是当前文档的名称。

(2) 菜单栏：菜单栏位于标题栏下方，它包括"开始"、"插入"、"页面布局"、"引用"、"邮件"、"审阅"、"视图"7 个菜单项。

(3) 工具栏：在编辑文档过程中经常使用的功能按钮，便于快速操作。

(4) 状态栏：显示当前的文档信息和工作状态，可以通过双击来设定对应的工作状态。

(5) 文档编辑区：是用来编辑或修改文档的工作区域，Word 的大部分工作都是在文档编辑区中进行的。

4.1.3　创建、打开和保存 Word 文档

创建新文档的方式有多种，其中最主要的新建文档操作方式有两种。

1. 打开 Word 程序时自动新建

在 Word 程序打开时会自动新建一个空白文档，文件名为"文档 1.docx"。这是一个未保存到磁盘中的空白 Word 文档。

2. 使用"新建文档"对话框创建新文档

单击"Office 按钮"→"新建"，打开"新建文档"对话框，如图 4-3 所示。在此对话框中可以通过两种不同的方法新建 Word 文档。

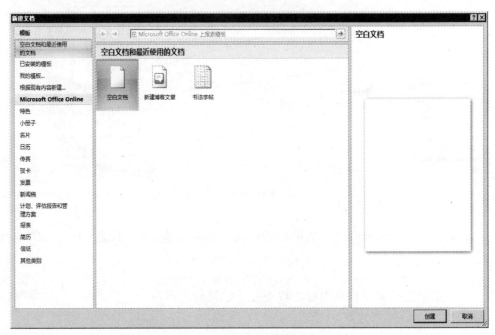

图 4-3 "新建文档"对话框

(1) 通过单击"空白文档"创建

通过单击"空白文档"创建的空白 Word 文档和打开 Word 程序时自动创建的新文档一样，是一个以"文档 n.docx"命名的，未保存到磁盘中的临时文档。

(2) 利用模板创建文档

模板是用来生成文档的一类特殊文档，可以按其提供的固定格式或操作步骤提示，制作符合某一格式的文档，如图 4-4 和图 4-5 所示。

图 4-4　单击"已安装的模板"或"我的模板"

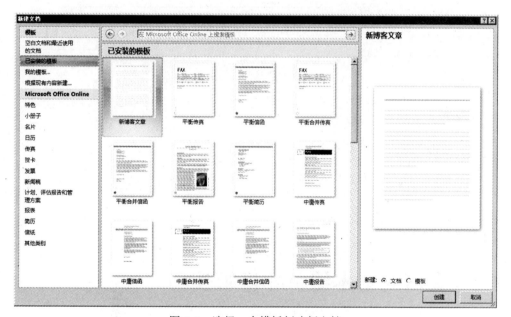

图 4-5　选择一个模板创建新文档

打开 Word 2007 文档有两种常用的方法：

(1) 通过键盘快捷键 Ctrl+O 打开。

(2) 单击"Office 按钮"下拉菜单中的"打开"命令。

在弹出的"打开"对话框的"查找范围"列表框下方的文件名列表框中选定要
打开的文档名，单击"打开"按钮，则所有选定的文档被打开，如图 4-6 所示。

图 4-6 "打开"对话框

保存文档有以下几种方法:

(1) 单击"常用"工具栏中的"保存"按钮。

(2) 单击"Office 按钮"下拉菜单中的"保存"命令。

(3) 直接按快捷键 Ctrl+S 也可以保存文档。

4.2 文档的基本编辑和排版技巧

4.2.1 文本的选择

将鼠标指针移到文档中双击,可选定指针所在处的一个单词或词组。将鼠标指针移到文档中连续点击三次,可选定指针所在处的一个段落。

按下 Ctrl 键并在任意句中单击,可选定该句。

4.2.2　文本的复制、粘贴和剪切

复制：选中要复制的文本，然后按 Ctrl+C 组合键就完成了复制操作。

粘贴：将光标移到要粘贴的地方，按 Ctrl+V 组合键。

剪切：选择要剪切的文本，按 Ctrl+X 组合键，然后把光标移到目标位置按 Ctrl+V 组合键。

4.2.3　文本的查找与替换

在文档编辑过程中，常常要查找某一个词或者某一个句子。这时就要用到文本查找功能。操作步骤如下：

(1) 如果是想查找某一特定范围内的文档，则在查找之前应先选取该区域的文档。

(2) 单击"开始"工具栏中的"查找"按钮，打开"查找和替换"对话框。

(3) 在"查找内容"文本框中输入要查找的内容，如"中国"。当选中"在以下项目中查找"复选框时，其下方的下拉列表框成为可用状态，从中可以选择要在文档的哪些部分进行查找。

(4) 单击"查找下一处"按钮，即可找到指定的文本，找到后，Word 会将该文本所在的页移到屏幕中央，并高亮反白显示找到的文本。此时，"查找和替换"对话框仍然显示在窗口中，用户可以单击"查找下一处"按钮，继续查找指定的文本，或单击"取消"按钮回到文档中，如图 4-7 所示。

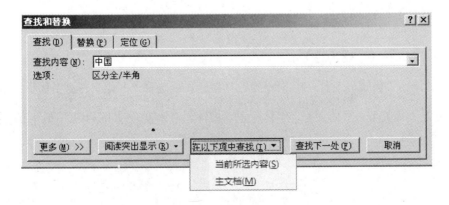

图 4-7　"查找和替换"对话框

文本的替换操作步骤如下：

(1) 单击"开始"工具栏中的"替换"按钮，打开"查找和替换"对话框，如图 4-8 所示。

图 4-8 "查找和替换"对话框

(2) 在"查找内容"文本框中输入要替换的文本，如"中国"。

(3) 在"替换为"文本框中输入替换文本，如"中华人民共和国"。

(4) 单击"查找下一处"按钮，Word 会自动找到要替换的文本，并以高亮反白的形式显示在屏幕上。如果决定替换，则单击"替换"按钮，否则可单击"查找下一处"按钮继续查找或单击"取消"按钮不进行替换。如果单击"全部替换"按钮，则 Word 会自动替换所有指定的文本，即将文档中所有的"中国"替换为"中华人民共和国"。

4.2.4 文本的格式设置和排版

1. 字符格式设置

操作步骤如下：

(1) 选定要进行设置的文本。

(2) 单击"格式"工具栏中相应的工具按钮，或选择"开始"→"字体"菜单项，可以设置字体类型、字体大小、字体颜色、粗体、斜体等，如图 4-9 和图 4-10 所示。

图 4-9 字体设置工具栏

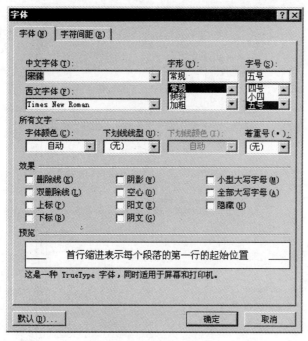

图 4-10　"字体"对话框

2. 段落格式的设置

(1) 缩进：首行缩进和左缩进。首行缩进表示每个段落的第一行的起始位置，左缩进表示光标所在段落每行的左边起始位置，如图 4-11 所示。

图 4-11　段落缩进设置

(2) 选择"格式"→"段落"命令，在弹出的"段落"对话框中设置段落格式，可以设置段落的行距等，如图 4-12 所示。

3. 格式刷的使用

使用格式刷复制文本格式的操作步骤如下：

(1) 选定已设置好格式的文本。

(2) 在工具栏中单击"格式刷"按钮。

(3) 拖动鼠标选中目标文本，则目标文本按设置的格式自动排版。

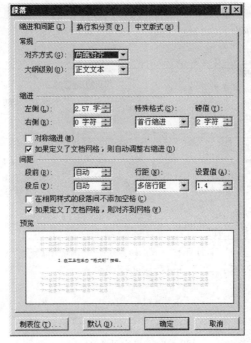

图 4-12　"段落"对话框

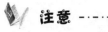 注意 ------------------

　　在步骤(2)中，如果单击"格式刷"按钮，格式刷只可使用一次，如果双击"格式刷"按钮，则格式刷可使用多次。

4.3　表格的制作

4.3.1　表格的创建

创建表格一般有两种方式。

1. 通过"插入表格"对话框创建表格

(1) 将光标置于要创建表格的位置。选择"插入"工具栏中的"表格"命令，单击"插入表格"按钮。

(2) 在弹出的"插入表格"对话框中输入列数、行数，单击"确定"按钮，表格出现在光标位置，如图 4-13 所示。

2. 通过"插入"工具栏中的"表格"按钮插入表格

(1) 单击"插入"工具栏中的"表格"按钮，打开"插入表格"对话框。

(2) 在示意框中向下拖动鼠标指针选择所需的行数、列数，再释放鼠标左键，此时也可以在文档光标插入点插入空表，如图 4-14 所示。

图 4-13　"插入表格"对话框　　　　图 4-14　文档添加表格

4.3.2　编辑表格

选定单元格有以下几种情况。

1. 选定一个单元格

将鼠标指针指向单元格左边框单击，即可选定该单元格。

2. 选定一行

将指针指向某行左侧单击，即可选定该行。

3. 选定一列

将指针指向某列顶端的边框单击，即可选定该列。

4. 选定单元格区域

将指针指向要选定的第一个单元格，拖动指针至最后一个单元格，再释放左键。

5. 选定整个表格

将指针置于表格中，当表格的左上角出现十字如 ⊞ 图标时，单击该图标即可选定整个表格。

4.4　图像的处理

4.4.1　插入图形文件

操作步骤如下：

(1) 将插入点移动到要插入图形的位置。

(2) 单击"插入"菜单中的"图片"菜单项，打开其下级菜单。

(3) 选择所插入图片的来源，在弹出的"插入图片"对话框中选择需要插入的图片，单击"插入"按钮，如图 4-15 所示。

图 4-15　插入图形文件

4.4.2　插入剪贴画

操作步骤如下：

(1) 将插入点移动到要插入剪贴画的位置。

(2) 单击"插入"工具栏中的"剪贴画"菜单项，屏幕弹出"插入剪贴画"任务窗格。

(3) 单击"管理剪辑"选项卡，在类别列表框选择"Office 收藏集"，窗口中则显示出该类别中所包括的剪贴画样式。

(4) 单击其中的任一幅剪贴画，通过"复制"和"粘贴"命令将其插入到文档中，如图 4-16 所示。

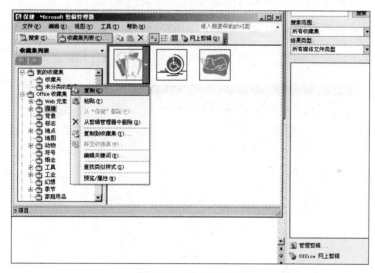

图 4-16　插入剪贴画

4.5　文档打印预览与打印

4.5.1　打印预览

操作步骤如下：

(1) 打开要打印的文档并选择"视图"工具栏中的"页面视图"。

(2) 单击"Office 按钮"→"打印"→"打印预览"，屏幕出现打印预览窗口，显示当前文档打印时的页面效果。

(3) 根据需要可以在打印预览窗口选择打印预览工具按钮。

4.5.2　文档的打印

操作步骤如下：

(1) 正确连接打印机。

(2) 单击"Office 按钮"中的"打印"菜单项，屏幕弹出"打印"对话框。

(3) 在"打印"对话框中单击"属性"按钮，进行相关的打印机设置。

(4) 在"页面范围"选项区域中确定打印的页面范围。

(5) 在"份数"列表框中输入需要打印的份数(系统默认为打印一份)。

(6) 单击"确定"按钮，文档开始打印输出，如图 4-17 所示。

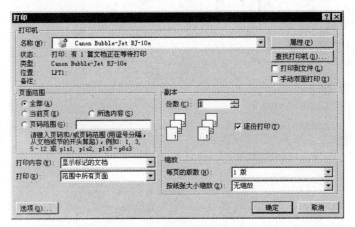

图 4-17　"打印"对话框

【小结】

- Word 2007 的工作窗口，主要包括 Office 按钮、标题栏、菜单栏、工具栏、文档窗口和状态栏

- 利用模板创建文档的步骤，如何保存编辑完的文档
- 文本的复制、粘贴、剪切、查找以及替换
- 设置文本的字体大小、颜色、粗体
- 在文档里插入表格，设置表格格式
- 在文档里插入图像文件和剪贴画
- 文档的打印和预览

【自测题】

1. 用 Word 2007 编辑文档，其文档的文件名后缀是(　　　)。

  A. xls   B. docx

  C. txt   D. exe

2. 设置打印纸张的大小，可以使用(　　)命令。

  A. Office 按钮→打印→打印预览   B. Office 按钮→打印→打印

  C. Office 按钮→打印→快速打印   D. 页面布局→纸张大小

3. 在 Word 文档编辑过程中，可以按快捷键(　　)保存文档。

  A. Alt+S   B. Shift+S

  C. Enter   D. Ctrl+S

4. 在 Word 中选择整个文档内容，应按(　　)键。

  A. Ctrl+A   B. Alt+A

  C. Shift+A   D. Ctrl+Shift+A

5. 在 Word 文档中执行查找操作的快捷键是(　　　)。

  A. Ctrl+A   B. Ctrl+S

  C. Ctrl+H   D. Ctrl+F

【上机部分】

上机目标

- 熟悉 Word 操作界面，设置字体大小、颜色和字体
- 熟练掌握制作表格，设置表格格式

上机练习

◆ 第一阶段 ◆

练习1：创建空白文档，添加文档标题和内容，设置字体大小、颜色和字体

问题描述：

创建一个空白文档，命名为"我对学校的印象和建议.docx"。要求文档标题为一号字，居中排列，字体为黑色粗体。至少有两个段落。对学校的建议文字字体设置为红色斜体。

问题分析：

本练习主要是学习如何设置文档的基本格式和字体样式。

参考步骤：

(1) 创建空白 Word 文档。

(2) 设置标题字体和格式。

(3) 设置段落首行缩进以及左缩进，设置段落间行距为两倍行距。

练习 2：熟练掌握制作表格，设置表格格式

问题描述：

创建如表 4-1 所示格式表格，添加到"我对学校的印象和建议.docx"文档。

表 4-1　表格格式

项目＼季度	一季度	二季度	三季度
计算机硬件	81	96	90
计算机软件	78	87	66
合计	159	183	156

问题分析：

本练习主要是学习如何添加规定的表格。

参考步骤：

(1) 单击工具栏添加表格，设置 4 行 4 列格式。

(2) 设置表格文字对齐方式。选择表格左上角"十"字形图标，然后选择"单元格对齐方式"设置居中格式。

(3) 设置表格样式。选择表格左上角"十"字形图标，然后选择"表格自动套用格式"，选择其中一个样式。

(4) 填写表格内容。

【课后作业】

制作一张表格，用来显示每周所在班级的课程安排。

第5章

电子表格软件
Excel 2007

 课程目标

▶ 掌握 Excel 2007 的基本操作

▶ 熟悉 Excel 2007 的工作界面

▶ 理解工作簿、工作表和单元格

▶ 掌握常用工作表、单元格的编辑

▶ 掌握公式和常用函数的使用

**简 介**

在日常生活中，时常会使用表格来记录和分析生活或者工作中产生的各种数据。在计算机技术普及的今天，学会制作电子表格已经成为非常重要的技能。

Excel 2007 是 Microsoft 公司 Office 2007 办公系列软件的组件之一，是专门用于数据处理和报表制作的应用程序。它具有一般电子表格所没有的处理各种表格数据、制作图表、数据管理和分析等功能。本章将讲解 Excel 2007 的使用方法和操作技巧。

5.1 Excel 2007 的基本操作

本节将介绍 Excel 2007 的一些基本操作以及操作窗口的组成。

5.1.1 启动 Excel 2007

启动 Excel 2007 最直接的方式就是通过"开始"菜单启动。首先单击 Windows 操作系统左下角的"开始"按钮，然后选择"程序"弹出子菜单，再选择 Microsoft Office，最后选择 Microsoft Office Excel 2007，如图 5-1 所示。

图 5-1　打开 Excel 2007

5.1.2 Excel 2007 操作窗口简介

启动 Excel 2007 后会看到如图 5-2 所示的操作界面。Excel 2007 的工作窗口主

要包括 Office 按钮、标题栏、菜单栏、工具栏、编辑栏、工作表标签、状态栏等，
如图 5-2 所示。

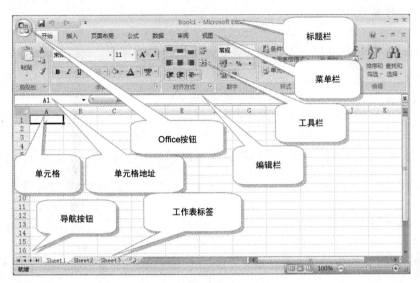

图 5-2　Excel 2007 工作窗口

(1) Office 按钮：集成了 Excel 2007 的常用操作及常用功能。

(2) 标题栏：标题栏位于 Excel 2007 操作界面的最上端，标题栏中显示的是当
前正在编辑的文件的名称。

(3) 菜单栏：菜单栏位于标题栏下方，它包括"开始"、"插入"、"页面布
局"、"公式"、"数据"、"审阅"、"视图"7 个菜单项。

(4) 工具栏：在编辑文档过程中经常使用的功能按钮，使用这些按钮以实现对
文件的快速操作。

(5) 编辑栏：显示当前单元格里的信息，也可以在编辑栏里对当前具有焦点的
单元格进行操作，如输入数据和编辑公式。

(6) 导航按钮：实现在工作簿的多个工作表之间快速的切换。

(7) 单元格：存储数据的最小单位，一个表格由多个单元格组成。

(8) 单元格地址：每个单元格的名字就是该单元格的地址，由列标签和行标签
构成。

(9) 工作表标签：用来标记一个工作簿的多个表格名称。

5.1.3 理解 Excel 中的基本概念

1. 工作簿

Excel 中存储并处理数据的文件，是多个工作表的集合。我们把 Excel 的一个文件叫做工作簿。

2. 工作表

工作簿中的一个表，由单元格构成。新建一个工作簿，默认包含三个工作表，分别是 Sheet1、Sheet2、Sheet3。一个 Excel 文件中最多可以包含 255 个工作表。

3. 单元格

存储数据的最小单位，是工作表中的一个小方格。一个工作表最大可以有 256 列 65 536 行，列号从 A 到 IV，行号从 1 到 65 536。简单地说，一个空白表中的每一个方格就是一个单元格，每个单元格地址由它所在列的列号和行号组成。例如，B3 就是位于第 B 列和第三行交叉处的单元格。

4. 活动单元格

当前获得焦点(被选中)的单元格。

5.2 常用工作表和单元格的编辑

5.2.1 工作表的选定

选定单个工作表：单击工作表标签，如图 5-3 所示。

图 5-3 工作表标签

选定多个工作表：单击一个工作表后按 Ctrl 键选择其他工作表。

选定全部工作表：右击任意工作表，从弹出的快捷菜单中选择"选定全部工作表"命令。

5.2.2　单元格的编辑

单击单元格编辑：鼠标形状变为⊕时，在该单元格中输入数据，然后按 Enter 键、Tab 键或选择"↑"、"↓"、"←"、"→"方向键定位到其他单元格继续输入数据。

双击单元格编辑：鼠标形状变为"I"形时，就可以进行数据的输入了。

5.2.3　单元格的选定

选定单个单元格：单击选定的单元格即可。

选定一个单元格区域：选中选择区域的一个单元格，按下 Shift 键，再选中对角的单元格，就可以选中该区域了。

选定多个不相邻的区域：选定一个区域后，按下 Ctrl 键，继续选择其他区域。

选定整行或选定整列：单击行号或列号。

5.2.4　编辑工作表中的行和列

1. 添加列

首先选中某一列，然后右击该列，从弹出的快捷菜单中选择"插入"命令，会看到在选中列的前面添加了一列空白单元格，如图 5-4 所示。

图 5-4　添加列

2. 添加行

首先选中某一行，然后右击该行，从弹出的快捷菜单中选择"插入"命令，会看到在选中行的上面添加了一行空白单元格，如图 5-5 所示。

图 5-5　添加行

3. 设置列宽

光标移到列号的右边框，当出现黑色"十"字图标的时候，拖动鼠标以设置列宽，或者选中某列，右击列号后从弹出的快捷菜单中选择"列宽"命令以设置列的宽度，如图 5-6 所示。

图 5-6　设置列宽

4. 设置行高

光标移到行号的下边框，当出现黑色"十"字图标的时候，拖动鼠标以设置该行高度，或者选中某行，右击行号后从弹出的快捷菜单中选择"行高"命令设置行的高度，如图 5-7 所示。

图 5-7　设置行高

5. 设置单元格格式

选中一个单元格，右击，从弹出的快捷菜单中选择"设置单元格格式"命令，打开"设置单元格格式"对话框。在这个对话框里，可以设置单元格里的文本的颜色、字体、字体大小、行和列对齐方式等，如图 5-8 所示。

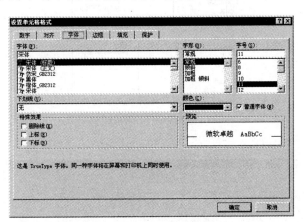

图 5-8　"设置单元格格式"对话框

6. 设置整个行或列的单元格格式

右击行号或列号，从弹出的快捷菜单中选择"设置单元格格式"命令，弹出"单元格格式"对话框，进行相应的设置。

5.3　工作表中使用公式和函数

5.3.1　常用函数的使用

在 Excel 2007 中，可以非常方便地使用函数进行数据的求和、求平均、求最大值等常用功能。使用函数需要进行以下操作：

(1) 选中要使用函数的单元格。

(2) 在该单元格中输入"="号。

(3) 在单元格地址栏下拉选项中选择你要使用的函数，完成相应的计算。

(4) 设置函数使用的单元格范围，即对哪些单元格进行计算。

如图 5-9 和图 5-10 所示。

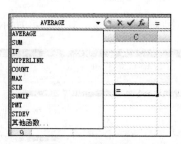

图 5-9　使用函数

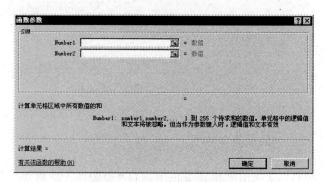

图 5-10　确认函数计算参数

5.3.2　公式的使用

在 Excel 2007 中，也可以使用自定义公式对单元格进行计算。要使用自定义公式需要进行以下操作：

(1) 选中要使用自定义公式的单元格。

(2) 在该单元格中输入"="号。

(3) 在编辑栏中输入公式具体内容。

(4) 按 Enter 键，完成公式的输入。

如图 5-11 所示。

AVERAGE			=AVERAGE(B2:D2)
			AVERAGE(**number1**, [number2], ...)
	A	B	C	
1		语文	数学	英语	平均成绩
2	三毛	98	92	99	=AVERAGE(B2
3	四毛	65	87	97	
4	小毛	69	83	99	
5	毛毛	73	93	93	
6	晓刚	87	95	88	

图 5-11　输入公式

【小结】

- Excel 2007 操作界面的基本组成

- 工作簿、工作表、单元格、活动单元格的概念

- 如何添加行和列，设置行和列的单元格格式

- 熟练掌握常用函数的使用

- 掌握自定义公式的使用

【自测题】

1. Excel 2007 单元格显示的内容是######形状，是因为(   )。

    A. 数字输入错误

    B. 输入的数字长度超过单元格的当前列宽

    C. 以科学记数的形式表示该数字时，长度超过单元格的当前列宽

    D. 数字输入不符合单元格当前格式设置

2. 在 Excel 2007 的数据表中，每一个单元格由(   )标识。

    A. 字母   B. 数字

    C. 字母和数据   D. 数字和字母

3. 如果要使用自定义公式，选中使用公式的单元格后，应输入(   )符号。

    A. %   B. =

    C. @   D. /

4. 如果某个工作簿有 4 个工作表，当执行保存操作时，系统会将它保存到(   )个工作簿文件中。

    A. 4   B. 1

    C. 2   D. 3

5. 函数 SUM(A1:C1)相当于自定义公式_____。

【上机部分】

上机目标

熟悉 Excel 操作界面，输入数据、合并单元格，进行数据汇总。

上机练习

练习：创建空白工作簿，向单元格输入数据，设置表格格式，对数据进行汇总计算

问题描述：

创建一个空白文档，命名为"某公司计算机软件销售汇总表.xls"。按照图中的格式制作表格，单元格里所有数据居中对齐。

问题分析：

本练习主要是学习如何制作表格，以及表格布局、公式和函数的使用。

参考步骤：

(1) 创建工作簿，按照要求命名文件名。

(2) 根据图 5-12 制作表格，填写数据。

(3) 使用函数进行数据汇总，计算总销售额。

(4) 使用自定义公式计算上半年销售总额和下半年销售总额。

图 5-12　表格

【课后作业】

新建一个工作簿，制作如图 5-13 所示表格。不用填写内容。

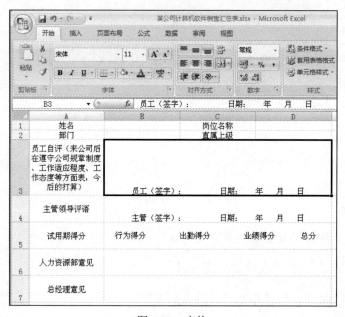

图 5-13　表格

第6章

PowerPoint 2007
演示文稿制作

 课程目标

▶ 会使用和制作 PPT 模板

▶ 能理解和使用幻灯片不同的视图

▶ 会使用 PPT 版式、母版

▶ 会在 PPT 中运用颜色、字体、表格

▶ 使用 PowerPoint 2007 为幻灯片添加动画

简　介

PowerPoint 和 Word、Excel 等应用软件一样，都是 Microsoft 公司推出的 Office 系列产品之一。

1987 年，微软公司收购了 PowerPoint 软件的开发商 Forethought of Menlo Park 公司。1990 年，微软将 PowerPoint 集成到办公套件 Office 中。PowerPoint 是专门用于制作演示文稿(俗称幻灯片)的软件，如图 6-1 所示，其广泛运用于各种会议、产品演示、学校教学以及电视节目制作等。

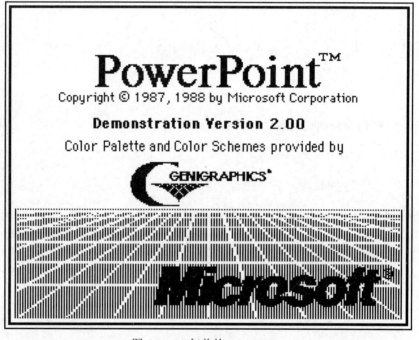

图 6-1　20 年前的 PowerPoint

Power 和 Point 在英文中各有其意，组成词组 PowerPoint 则指墙上的"电源插座"，而作为软件名称的 PowerPoint 显然不再是"电源插座"了，有学者把它翻译成"力点"，就像把 Windows 译成"视窗"那样。通常，直接称之为 PowerPoint，而不管它究竟是插座还是力点，就像直呼 Excel，而不叫它"超越"那样。

利用 PowerPoint 制作出来的东西叫做演示文稿，它是一个文件，和之前版本以".ppt"为扩展名不一样，在 PowerPoint 2007 里，扩展名为".pptx"。演示文稿中的每一页叫做幻灯片，每张幻灯片都是演示文稿中既相互独立又相互联系的内容。

PowerPoint 适用于设计制作专家报告、教师授课、产品演示、广告宣传的电子版幻灯片。它能够制作出集文字、图形、图像、声音以及视频剪辑等多媒体元素于一体的演示文稿，把用户所要表达的信息组织在一组图文并茂的画面中，用于介绍公司的产品、展示自己的学术成果。用户不仅可以在投影仪或者计算机上进行演示，还可以将演示文稿打印出来，制作成胶片，以便应用到更广泛的领域中。利用 PowerPoint 不仅可以创建演示文稿，还可以在互联网上召开面对面会议、远程会议或在网上给观众展示演示文稿。

在本章中，如无特殊说明，PowerPoint 指的就是 PowerPoint 2007 版本。

6.1　PowerPoint 2007 的工作界面

首先来熟悉一下 PowerPoint 的工作界面。依次选择"开始"→"程序"→Microsoft Office→Microsoft Office PowerPoint 2007 选项，来启动 PowerPoint 2007。如图 6-2 所示，是不是很像之前学过的 Word 2007 的样子？

图 6-2　PowerPoint 工作界面

(1) 标题栏：显示出软件的名称(Microsoft PowerPoint)和当前文档的名称(演示文稿 1)，在其右侧是常见的"最小化"、"最大化/还原"、"关闭"按钮。

(2) 菜单栏：位于标题栏下方，通过展开其中的每一条菜单，选择相应的命令，完成演示文稿的所有编辑操作。

(3) 大纲编辑窗口：在本区中，通过单击"大纲"或"幻灯片"可以在大纲和幻灯片两个视图之间切换，快速查看、编辑整个演示文稿中的任意一张幻灯片。其中，幻灯片视图有助于用户了解幻灯片的演示效果，而大纲视图更侧重于展示演示文稿的内容。

(4) 工作区/编辑区：编辑幻灯片的工作区。

(5) 备注区：用来编辑幻灯片的一些"备注"文本。

(6) 状态栏：在此处显示出当前文档相应的某些状态要素。

6.2 制作演示文稿

演示文稿的制作，一般的操作步骤如下。

(1) 准备素材：主要是准备演示文稿中所需要的一些图片、声音、动画等文件。

(2) 确定方案：对演示文稿的整个构架做一个设计。

(3) 初步制作：将文本、图片等对象输入或插入到相应的幻灯片中。

(4) 装饰处理：设置幻灯片中的相关对象的要素(包括字体、大小、动画等)，对幻灯片进行装饰处理。

(5) 预演播放：设置播放过程中的一些要素，然后播放(快捷键 F5)查看效果，满意后正式输出播放。

在日常应用中，为了达到更好的演示效果，一般来说，要注意以下几个方面。

(1) 主题鲜明，文字简练。

(2) 结构清晰，逻辑性强。

(3) 和谐醒目，美观大方。

(4) 生动活泼，引人入胜。

应该尽量避免过于花哨，注意色彩、色系的平衡，文字的大小、多少，动画的合理性等。总之只有一个目的，就是要使人看得清楚、听得明白，达到交流的目的。

根据不同的需求，可以选择不同的方式来创建演示文稿。

6.2.1　新建空白演示文稿

启动 PowerPoint 后，选择"文件"→"新建"命令，可以打开"新建演示文稿"对话框，如图 6-3 所示。

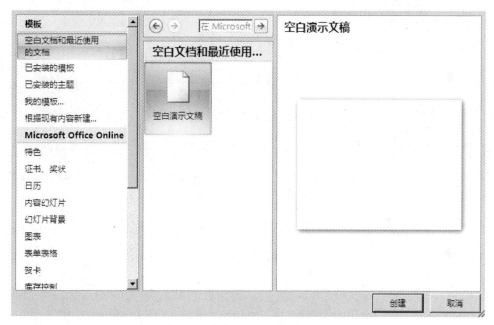

图 6-3　"新建演示文稿"对话框

在新建演示文稿面板中，提供了多种创建演示文稿的途径，如根据空白文稿、已安装的模板、已安装的主题及已有文稿来新建文稿等。

当选择模板中的"新建"选项后，中间一栏会给出在此模块内的所有子模板，而右侧面板则会显示当前子模板的缩略图。

单击左侧模板中的"空白文档"，即可新建一个空白演示文稿。默认情况下，自带一张幻灯片，如图 6-4 所示。

图 6-4　新演示文稿

在第一张幻灯片内输入文字后，单击格式栏内的"新幻灯片"(快捷键 Ctrl+M)，可创建更多的幻灯片。不过要注意的是：第一张幻灯片默认为"标题幻灯片"，后续添加的幻灯片默认为"普通幻灯片"。就像书的章节页面与书的普通页面一样，PowerPoint 支持这两种不同类型的幻灯片。请对比图 6-4 和图 6-5 编辑区的不同之处。

图 6-5　新建普通幻灯片

创建空白的演示文稿是最基本的新建文稿方式。可以在文本区域内输入自己的文字，以及设置字体大小。但是可以看到，这个文稿并没有设置任何的背景图片、文字颜色、动画等效果。

6.2.2　根据设计模板创建演示文稿

模板可以为演示文稿提供设计完整、专业的外观，包括项目符号和字体的类型与大小、占位符的大小和位置、背景设计和填充、配色方案、幻灯片母版和可选的标题母版、动画方案等。所以一般情况下，用户都会为自己创建的演示文稿应用一种或多种模板，模板可以自己制作，也可以到微软的网站上下载。

在图 6-3 中，在左侧模块中选择"已安装的模板"，如图 6-6 所示。

图 6-6　选择已安装的模板

可以看到提供了设计模板、配色方案、动画方案等工具。

选择任意一个设计模板，单击"创建"按钮，即可根据该设计模板创建一个演示文稿。其中已包含了若干个幻灯片页面，如图 6-7 所示。

图 6-7　根据设计模板创建演示文稿

用户可以根据这个模板修改其中的内容，从而完成创建自己的演示文稿。把其中的文字改为适合自己演示的文字，立即就可以使用了。可见这种方式生成的幻灯片，不但为用户提供了模板，还提供了参考内容。当然，这仅仅是一种参考，而且并不是所有的情况都可以在这里找到合适的文稿类型，大多数情况下，还是需要自己来完善内容。

这里的第一张幻灯片叫做标题幻灯片，后面的幻灯片叫做普通幻灯片，它们的背景、文字大小等是有区别的，可以单独设置。在标题幻灯片中，如果想要把页脚、时间和页数去掉，或者修改这些元素，可以单击"插入"、"页眉和页脚"进行设置。

每次创建一张幻灯片，新幻灯片会自动应用某种版式，如图 6-8 所示。

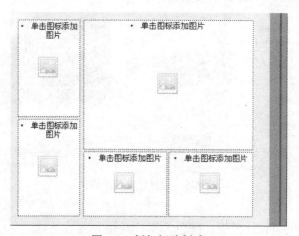

图 6-8　新幻灯片版式

所谓幻灯片版式，就是指幻灯片上各元素的布局，其上面的占位符是系统预留的对象位置。PowerPoint 提供了多种版式，每种版式的结构图中都包含了多种占位符，可用于填入标题、文本、图片、图表、组织结构图、表格等。每种占位符都有提示文字，如"单击此处添加标题"、"单击图标添加图片"等，可以在文本框或图片框上单击一下，再输入文字或选择图片插入。

根据模板创建的演示文稿，不但包含了幻灯片样式(主题)，而且还提供了示例幻灯片，如果只需要这种主题来编写每个幻灯片，那么可以采用根据已有主题创建演示文稿的方式。

6.2.3　根据已有主题创建演示文稿

主题是指幻灯片的风格和样式,如文字大小、背景颜色等。用户可以根据已经安装的主题来创建新演示文稿,如图 6-9 所示。

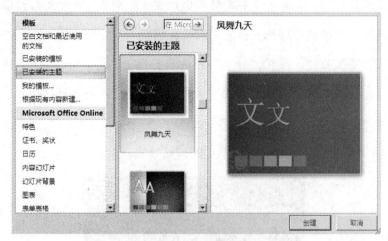

图 6-9　选择主题

单击"创建"按钮,该主题被应用在新建的演示文稿内,如图 6-10 所示。

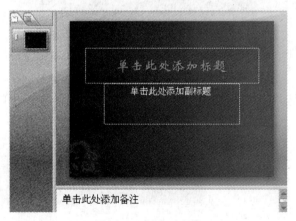

图 6-10　新演示文稿

随后就可以着手编写每个幻灯片了。

前面介绍了三种创建演示文稿的方法:创建空白演示文稿、利用模板创建及根据某个主题创建,请区分这三种方法。如果根据以上三种方法还不足以满足用户创作演示文稿的需要,也可以到微软的网站上去搜索更多的模板(也可以在"新建"选项卡中直接选择 Microsoft Office Online 下的分类)。

6.2.4　修改新幻灯片的版式及配色方案

创建完幻灯片后，开始着手对幻灯片进行设计。例如，一张幻灯片既有文字，也有图片，怎样才能更合理地安排它们的位置呢？

用户可以手工打造，使用"插入"栏内的图片、相册、SmartArt、图表、艺术字、影片等丰富的工具。当然，微软早就为用户想好了，可以直接用版式工具来给新老幻灯片"换装"。

图 6-11 所示为上一节建立好文稿后的初始版式。

图 6-11　初始版式

下面为该幻灯片应用其他的版式。在幻灯片上右击，从弹出的快捷菜单中，选择"版式"命令，选择合适的版式即可，如图 6-12 所示。

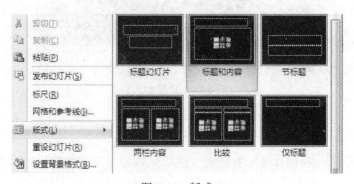

图 6-12　版式

这里选择"比较"版式，应用该版式后页面效果如图 6-13 所示。

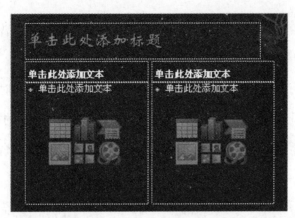

图 6-13　"比较"版式页面效果

可以看到内容排版格式发生了变化，一栏变为了两栏，这样就省去了手工对幻灯片的操作。但是可以看到页面的背景、图片等并没有变化，所以说版式只是更改内容的排列组合方式。

当然，除了能够修改版式外，还能对演示文稿的主题进行修改。单击"设计"选项卡，选择合适的主题应用至幻灯片即可。如果要详细修改，在"设计"选项卡中，还提供了对幻灯片方向、颜色、字体、效果、背景等元素的单独修改按钮。与调整版式不同，调整主题后将只会更改幻灯片元素的显示效果，不会对元素的排版进行修改。

6.2.5　母版

以上生成的演示文稿中，都是微软在帮助用户做事情，例如背景图片、文字大小等在每个模板内都是固定不变的。那么能不能用自己的东西呢？例如把自己的照片当做背景图片，或者把 Logo 放在每个页面的左上角，可不可以通过设置，一次性完成所有的幻灯片页面呢？答案当然是肯定的，做起来也是非常的简单——通过修改"母版"来实现。

单击"视图"→"母版"→"幻灯片母版"命令，进入幻灯片母版的编辑状态。

母版分为标题母版和普通幻灯片母版，标题母版的设置只对标题幻灯片起作用，普通幻灯片母版只对普通幻灯片起作用，各管各的，互不干涉。

在母版视图中，可以随心所欲地对母版进行操作，就像操作普通幻灯片一样，完成后单击"关闭母版视图"按钮退出幻灯片母版的编辑状态。

看看演示文稿有没有发生变化？而且，在以后添加新幻灯片时，只要类型符合(标题幻灯片或普通幻灯片)，该幻灯片将自动添加上对应母版内的图片。

同样的道理，如果在母版里设置了文字的大小、颜色等，那么也会应用到对应类型的幻灯片中，如图 6-14 所示。

图 6-14　修改母版

修改母版后，还可以把母版保存为模板，供以后重复使用。例如以后新建了一个演示文稿，想和这个文稿格式保持一致，则只需要应用这种文稿格式设计模板即可。单击 PowerPoint 左上角的"开始"→"另存为"命令，在"保存类型"里选择"演示文稿设计模板"，单击"保存"按钮即可，模板的文件格式为.potx，用户也可以顺便看看其他的保存类型有什么应用。例如，保存为"PowerPoint 放映(*.posx)"文件有什么用呢？

6.3　应用动画

为幻灯片上的文本、图形、图示、图表和其他对象添加动画效果，这样可以突出重点、控制信息流，并增加演示文稿的趣味性。

PowerPoint 所增添的一些动画功能，如路径动画、触发器等，不仅丰富了幻灯片放映的效果，还使得 PowerPoint 更接近于一个功能强大的多媒体创作工具，可以用它制作出效果出色的多媒体作品。

6.3.1　应用幻灯片切换动画

在幻灯片的播放过程中，幻灯片切换动画指前一页幻灯片与后一页幻灯片之间的切换效果。在"动画"选项卡中，已经制定了多个幻灯片切换动画，直接应用即可，如图 6-15 所示。

图 6-15　幻灯片切换动画

还可以指定具体的切换时的效果细节，如图 6-16 所示。

图 6-16　具体的幻灯片切换效果细节

6.3.2　应用自定义动画

使用"自定义动画"任务窗格，可以对每张幻灯片内各个对象的播放效果进行自定义的设置。自定义动画可应用于幻灯片、占位符或段落(包括单个的项目符号或列表项)中的项目。例如，可以将飞入动画应用于幻灯片中所有的项目，也可以将飞入动画应用于项目符号列表中的单个段落。同样，还可以对单个项目应用多个动画，这样就使项目符号项目在飞入后又可飞出。

在"动画"选项卡中，单击"自定义动画"，在 PowerPoint 右侧出现"自定义动画"栏，如图 6-17 所示。

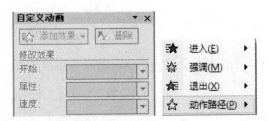

图 6-17　自定义动画栏

当选择幻灯片内的元素时，"添加效果"按钮被激活，单击后，会发现有四种自定义动画选项。

(1) 进入。指元素进入幻灯片时，从无到有的动画效果。

(2) 强调。指元素进入幻灯片后，强调显示的动画效果。

(3) 退出。指元素在进入幻灯片后，退出幻灯片的动画效果。

(4) 动作路径。选择或自行绘制元素的移动路径。

在实际应用中的每张幻灯片，四种自定义动画选项并不一定都会应用到，可以结合自己的需要，灵活组织应用这四种自定义动画。

【小结】

- 演示文稿广泛应用于专家报告、教师授课、产品演示、广告宣传等领域
- 可以根据模板和主题创建新演示文稿
- 可以通过母版来统一修改演示文稿的样式和版式
- 动画分为幻灯片切换动画与幻灯片元素的进入、强调、退出动画

【自测题】

1. PowerPoint 2007 演示文稿的扩展名为(   )。

    A. docx   B. xls

    C. ppt   D. pptx

2. PowerPoint 中，修改演示文稿的主题、背景等可以选择(   )。

    A. "插入"选项卡   B. "设计"选项卡

    C. "动画"选项卡   D. "视图"选项卡

3. PowerPoint 中，启动演示文稿的放映，可以按(　　)键。

    A. F3   B. F4

    C. F5   D. F11

4. PowerPoint 中，为了设置幻灯片母版，可以(　　)。

    A. 选择"设计"选项卡中的"页面设置"命令

    B. 选择"视图"选项卡中的"讲义母版"命令

    C. 选择"插入"选项卡中的 SmartArt 命令

    D. 选择"视图"选项卡中的"幻灯片母版"命令

5. PowerPoint 中，添加新幻灯片可以(　　)。

    A. 选择"插入"选项卡中的"新幻灯片"命令

    B. 选择"幻灯片放映"选项卡中的"自定义幻灯片放映"命令

    C. 选择"开始"选项卡中的"新建幻灯片"命令

    D. 选择"格式"选项卡中的"页面设置"命令

【上机部分】

上机目标

- 演示文稿的制作流程
- 练习 PPT 版式、母版
- 在 PPT 中运用颜色、字体、表格
- 会为幻灯片添加动画

上机练习

◆ 第一阶段 ◆

练习 1：创建演示文稿

问题描述：

用户已经学过了 PowerPoint 的基本知识，本上机部分将制作一个实际的演示文稿——旅途，让用户直观地了解到一个 PowerPoint 演示文稿的制作过程。

参考步骤：

启动 PowerPoint 后，程序已经生成了一个空白的演示文稿。但这只是一个完全空白的幻灯片页面，考虑到后期设计的工作量太大，直接单击"新建"按钮，根据模板来创建新演示文稿。

如打算创建一个向朋友展示自己旅途风光的演示文稿，在模板中找到"古典型相册"，该模板比较适合这种需求。

单击"创建"按钮后，生成了用户所需要的演示文稿，如图 6-18 所示。

图 6-18　生成的演示文稿

练习 2：使用母版快速统一设计风格

先不要急于组织内容，否则看不顺眼时的反复修改会浪费不少时间。这里先把演示文稿的风格统一下来，要用到母版这个工具。

单击"视图"选项卡中的"幻灯片母版"，切换到幻灯片母版视图，如图 6-19所示。

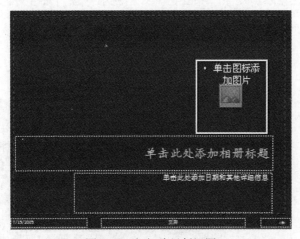

图 6-19　幻灯片母版视图

先确定幻灯片的主题，这样才方便对随后各个元素的搭配。这里将原模板的主题调整一下。

在母版中单击"主题"按钮，挑选一种比较合适的主题应用到母版中，如图 6-20所示。

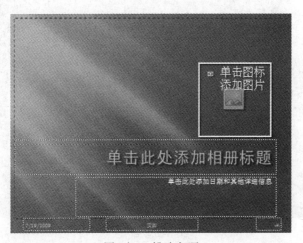

图 6-20　挑选主题

至于字体大小和字体颜色，可以根据自己的需要调整，这里不再更改。关闭母版视图回到设计视图。

练习3：组织幻灯片内容

这部分内容较简单，把自己的旅途风光搭配上语音即可。通过插入文本框及移动文本框往不同位置添加文字，并且也不必拘泥于母版内设置好的固定样式，可以选定文本后灵活更改字体的各种属性。可以根据自己的情况添加多张幻灯片，类似效果如图 6-21～图 6-23 所示。

图 6-21　封面

图 6-22　标题

图 6-23　内容

可以借助"插入"菜单，给页面添加背景音乐，并设置音乐属性，如图 6-24
所示。

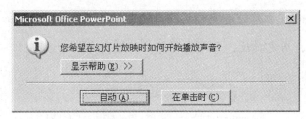

图 6-24　添加背景音乐

设置声音播放器的效果，如图 6-25 所示。

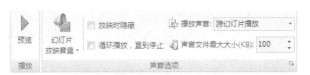

图 6-25　设置声音播放器的效果

由此完成剩下的其他幻灯片。

◆ 第二阶段 ◆

练习：设置幻灯片动画效果

选择"动画"选项卡，为幻灯片添加切换效果，并为幻灯片页面内的元素自定
义动画。

设置好动画后，按 F5 键从头播放，或者按 Shift+F5 键从当前页面开始播放，看看效果如何？如果不满意，可对母版进行调整，或对单独的每一张幻灯片进行调整。

　　其实，幻灯片的制作并不复杂，较困难的是具体的美工设计和文本内容的组织。要注意的是，形式永远都是为内容服务的，在实际工作中必须首先注重内容，然后才是努力用最好的形式将内容表示出来，而不能相反。

【课后作业】

　　利用 PowerPoint 制作一套演示文稿，内容可涉及多个方面，如自我介绍、兴趣爱好、家乡风景、历史典故、亲情友情等，并给大家演示。

第7章
计算机网络和
Internet基础

 课程目标

▶ 计算机网络简介

▶ 掌握计算机网络的分类

▶ 了解 TCP/IP

▶ 了解 Internet

简　介

计算机网络,是指将地理位置不同的具有独立功能的多台计算机及其外部设备,通过通信线路连接起来,在网络操作系统、网络管理软件及网络通信协议的管理和协调下,实现资源共享和信息传递的计算机系统。

简单地说,计算机网络就是通过电缆、电话线或无线通信将两台以上的计算机互连起来的集合。

计算机网络的发展经历了面向终端的单级计算机网络、计算机网络对计算机网络和开放式标准化计算机网络三个阶段。

计算机网络通俗地讲就是由多台计算机(或其他计算机网络设备)通过传输介质和软件物理(或逻辑)连接在一起组成的。总的来说,计算机网络的组成基本上包括计算机、网络操作系统、传输介质(可以是有形的,也可以是无形的,如无线网络的传输介质就是空气)以及相应的应用软件四部分。

在定义上非常简单:网络就是一群通过一定形式连接起来的计算机。

7.1　计算机网络的形成与发展

计算机网络是通信技术与计算机技术相结合的产物,它的诞生对人类社会的进步作出了巨大贡献,它的迅速发展适应了社会对资源共享和信息传递日益增长的要求。经过 50 多年的发展,计算机网络技术已经进入了一个崭新的时代,特别是在当今的信息社会,网络技术已日益深入到国民经济各部门和社会生活的各个方面,成为人们日常生活、工作中不可缺少的工具。

任何一种新技术的出现都必须具备两个条件:强烈的社会需求与先进技术的成熟。计算机网络技术的形成与发展也证实了上述规律。一般来说,计算机网络的发展可分为以下三个阶段。

第一阶段(20 世纪 50 年代):以单个计算机为中心的远程联机系统,构成面向终端的计算机通信网。

第二阶段(20 世纪 60 年代末)：多个自主功能的主机通过通信线路互连，形成资源共享的计算机网络。

第三阶段(20 世纪 70 年代末)：形成具有统一的网络体系结构、遵循国际标准化协议的计算机网络。

下面将详细介绍计算机网络的形成与发展。

1. 面向终端的计算机通信网

1946 年世界上第一台电子计算机(ENIAC)在美国诞生时，计算机技术与通信技术并没有直接的联系。20 世纪 50 年代初，美国为了自身的安全，在美国本土北部和加拿大境内，建立了一个半自动地面防空系统SAGE(赛其系统)，进行了计算机技术与通信技术相结合的尝试。

SAGE 系统中，在加拿大边境地带设立的警戒雷达可将天空中的飞机目标的方位、距离和高度等信息通过雷达录取设备自动录取下来，并转换成二进制的数字信号；然后通过数据通信设备和通信线路将它传送到北美防空司令部的信息处理中心，由大型计算机进行集中的防空信息处理。这种将计算机与通信设备的结合使用在当时是一种创新。因此，SAGE 的诞生被誉为计算机通信发展史上的里程碑。

在 SAGE 的基础上，实现了将地理位置分散的多个终端通过通信线路连接到一台中心计算机上。用户可以在自己办公室内的终端输入程序，通过通信线路传送到中心计算机，分时访问和使用其资源进行信息处理，处理结果再通过通信线路回送到用户终端显示或打印。人们把这种以单个计算机为中心的联机系统称作面向终端的远程联机系统。该系统是计算机技术与通信技术相结合而形成的计算机网络的雏形，因此也称为面向终端的计算机通信网。

具有通信功能的单机系统的典型结构是计算机通过多重线路控制器与远程终端相连。

在该系统中，计算机(主机)负责数据的处理和通信管理；终端(包括显示器和键盘，无 CPU 和内存)只有输入/输出功能，没有数据处理功能；调制解调器(Modem)

进行计算机或终端的数字信号与电话线传输的模拟信号之间的转换；多重线路控制器的主要功能是完成串行(电话线路)和并行(计算机内部传输)传输的转换以及简单的差错控制。

2. 多个自主功能的主机通过通信线路互连的计算机网络

随着计算机应用的发展，出现了多台计算机互连的需求：将分布在不同地点的计算机通过通信线路互连成为计算机网络，使得网络用户不仅可以使用本地计算机的资源，也可以使用联网的其他计算机的软件、硬件与数据资源，以达到计算机资源共享的目的。20 世 60 年代在计算机通信网络的基础上，进行了网络体系结构与协议的研究，形成了计算机网络的基本概念，即"以能够相互共享资源为目的的互连起来的具有独立功能的计算机之集合体"。这一阶段研究的典型代表是美国国防部高级研究计划局(Advanced Research Projects Agency，ARPA)的 ARPANET。

ARPANET 通过有线、无线与卫星通信线路，使网络覆盖了从美国本土到欧洲与夏威夷的广阔地域。ARPANET 是计算机网络技术发展的一个重要里程碑，它对计算机网络技术发展的主要贡献表现在以下几个方面。

(1) 完成了对计算机网络的定义、分类与子课题研究内容的描述。

(2) 提出了资源子网、通信子网的概念。

(3) 研究了报文分组交换的数据交换方法。

(4) 采用了层次结构的网络体系结构模型与协议体系。

3. 从 OSI 的确定到 Internet

随着网络技术的进步和各种网络产品的不断涌现，亟需解决不同系统互联的问题。1977 年，国际标准化组织(ISO)专门设立了一个委员会，提出了异种机构系统的标准框架，即开放系统互联参考模型(Open System Interconnection/Reference Model，OSIRM)。

1983 年，TCP/IP 被批准为美国军方的网络传输协议。同年，ARPANET 分化为 ARPANET 和 MILNET 两个网络。1984 年，美国国家科学基金会决定将教育科研网 NSFNET 与 ARPANET、MILNET 合并，运行 TCP/IP，向世界范围扩展，并将此网络命名为 Internet。

20 世纪 80 年代，局域网的飞速发展，使得计算模式发生了转变，即由原来的集中计算模式(以主机为主)，发展为分布计算模式(多个 PC 的独立平台)。

20 世纪 90 年代，计算机网络得以迅猛发展。1993 年，美国公布了国家信息基础设施(NII)发展计划，推动了国际范围内的网络发展的热潮；万维网(WWW)首次在 Internet 上露面，立即引起轰动并大获成功。万维网的最大贡献在于使 Internet 真正成为交互式的网络。人们可以访问网站，编辑网站上的内容，甚至可以在网站发表自己的意见。同一年，浏览器/服务器(B/S)结构风靡全球。

7.2　计算机网络的定义

什么是计算机网络？将地理位置不同，具有独立功能的多个计算机系统通过通信设备和线路连接起来，并在网络软件的管理控制下，实现网络资源共享的系统，称为计算机网络。

通常计算机网络的构成必须具备以下三个要素。

(1) 至少有两台具有独立操作系统的计算机，能相互共享某种资源。

(2) 两个独立体之间需通过通信设备或其他通信手段互相连接。

(3) 两个或更多的独立体之间要相互通信，需遵守一定的规则，如通信协议、信息交换方式和体系标准等。

计算机网络的诞生，不仅使计算机的作用范围超越了地理位置的限制，方便了用户，也增强了计算机本身的功能。特别是近年来计算机性能价格比的提高，通信技术的迅猛发展，使网络在经济、军事、教育等领域发挥着越来越大的作用。其特点主要体现在以下几个方面。

(1) 资源共享。其目的是使网络上的用户，无论处于什么位置，也无论资源的物理位置在哪里，都能使用网络中的程序、数据和设备等。例如，在局域网中，服务器提供了大容量的硬盘，一些大型的应用软件只需安装在网络服务器上即可，用户工作站只需通过网络就可共享网络上的文件、数据等，从而降低了工作站在硬件配置方面的要求，甚至只用无盘工作站就可以完成数据的处理，极大地提高了系统资源的利用率。再如一些外围设备(如打印机、绘图仪等)，用户只需将它们设置成共享的网络设备，各个工作站就可以共享该设备。

(2) 通信。利用这一功能，地理位置分散的生产部门、业务部门等可通过计算机网络进行集中的控制和管理。目前流行的网络电话、视频会议、电子邮件等提供了快速的数字、语音、图形、视频等多种信息的传输，满足了信息社会的发展需要。

(3) 分布式处理。当某一计算中心任务很重时，可通过网络将要处理的任务分散到各个计算机上去处理，发挥各个计算机的优点，充分利用网络资源。

(4) 提高系统的可靠性。在工作过程中，一旦一台计算机出现故障，故障机就可由网络中的其他计算机来代替，避免了单机使用情况下，一旦计算机出现故障就会导致系统瘫痪，大大提高了工作的可靠性。

7.3　计算机网络系统的组成

从资源构成的角度讲可以认为计算机网络是由硬件和软件组成的。从功能上讲计算机网络逻辑上划分为资源子网和通信子网。

7.3.1　网络软件

在网络系统中，网络上的每个用户都可享用系统中的各种资源，所以，系统必须对用户进行控制，否则，就会造成系统混乱、信息数据的破坏和丢失。为了协调系统资源，系统需要通过软件工具对网络资源进行全面管理、合理调度和分配，并采取一系列安全措施，防止用户对数据和信息的不合理访问造成数据和信息的破坏与丢失。网络软件是实现网络功能所不可缺少的软环境。通常网络软件包括以下内容。

(1) 网络协议和通信软件。通过网络协议和通信软件可实现网络工作站之间的通信。

(2) 网络操作系统。网络操作系统用以实现系统资源共享，管理用户的应用程序对不同资源的访问，这是最主要的网络软件。

(3) 网络管理及网络应用软件。网络管理软件是用来对网络资源进行监控管理并对网络进行维护的软件。网络应用软件是为网络用户提供服务，网络用户用以在网络上解决实际问题的软件。

网络软件最重要的特征是：网络软件所研究的重点不是在网络中所互联的各个独立的计算机本身的功能方面，而是在如何实现网络特有的功能方面。

7.3.2 网络硬件

网络硬件是计算机网络的基础，主要包括主机、终端、联网的外部设备、传输介质和通信设备等。网络硬件的组合形式决定了计算机网络的类型。

1. 主机

传统定义中的主机(Host)是指网络系统的中心计算机(主计算机)，可以是大型机、中型机、小型机、工作站(Workstation)或者微型机。现在提到的主机多指连入网络的计算机，例如，Internet 将入网计算机均称为主机。计算机将根据其中网络中的"服务"特征，分为网络服务器和网络工作站，对于对等网，每台计算机既是网络服务器也是网络工作站。

2. 终端

终端(Terminal)是用户访问网络的接口，包括显示器和键盘，其主要作用是实现信息的输入和输出，即把用户输入的信息转换为适合网络传输的信息，通过传输介质送给集中器、节点控制器或主机；或者把网络上其他节点通过传输介质传来的信息转换为用户能识别的信息，呈现在显示器上。

3. 传输介质

传输介质是网络中信息传输的物理通道。现在常用的网络传输介质可分为两类：

一类是有线的，另一类是无线的。有线传输介质主要有双绞线(如图 7-1 所示)、同轴电缆(如图 7-2 所示)和光纤(如图 7-3 所示)等；无线传输介质主要有红外线、微波、无线电、激光和卫星信道等。

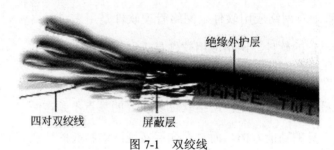

图 7-1　双绞线

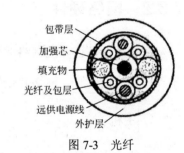

图 7-2　同轴电缆　　　　　　　　　图 7-3　光纤

4. 常见联网设备

常见的联网设备有网卡(Network Interface Card，NIC)、调制解调器(Modem)、中继器(Repeater)、集线器(Hub)、路由器(Router)等。

7.4　计算机网络的分类

由于计算机网络的广泛使用，目前世界上已出现了多种形式的计算机网络。对网络的分类方法也很多，从不同角度观察网络、划分网络，有利于全面了解网络系统的各种特性。

7.4.1　按网络的拓扑结构分类

所谓"拓扑"，就是把实体抽象成与其大小、形状无关的"点"，而把连接实体的线路抽象成"线"，进而以图的形式来表示这些点与线之间关系的方法，其目的在于研究这些点、线之间的相连关系。表示点和线之间关系的图被称为拓扑结构图。

类似地，在计算机网络中，把计算机、终端及通信处理机等设备抽象成点，把连接这些设备的通信线路抽象成线，并将这些点和线构成的物理结构称为网络拓扑结构。网络拓扑结构反映出网络的结构关系，它对于网络的性能、可靠性和建设管理成本等都有着重要的影响，因此网络拓扑结构的设计在整个网络设计中占有十分重要的地位。在网络构建时，网络拓扑结构往往是首先要考虑的因素之一。

在计算机网络中常见的拓扑结构有总线型、星型、环型、网状和树状，如图 7-4 所示。

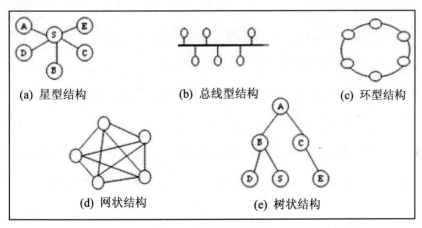

图 7-4　网络拓扑结构

1. 星型结构

星型结构由一个功能较强的中心节点以及一些通过点到点链路连到中心节点的从节点组成。各从节点间不能直接通信，从节点间的通信必须经过中间节点，如图 7-4(a)所示。例如，A 节点要向 B 节点发送，则 A 节点需先发给中心节点 S，再由中心节点 S 发送给 B 节点。

星型拓扑的网络具有结构简单、易于建网和易于管理等特点。但这种结构要耗费大量的电缆，同时中心节点的故障会直接造成整个网络的瘫痪。星型拓扑结构经常应用于局域网中。

2. 总线型结构

总线型结构如图 7-4(b)所示。网络中的所有节点均连接到一条称为总线的公共线路上，即所有的节点共享同一条数据通道，节点间通过广播进行通信，即由一个节点发出的信息可被网络上的多个节点所接收，而在一段时间内只允许一个节点传送信息。

总线型结构的优点是：连接形式简单，易于实现，组网灵活方便，所用的线缆最短，增加和撤销节点比较灵活，个别节点发生故障不影响网络中其他节点的正常工作。

缺点是：传输能力低，易发生"瓶颈"现象；安全性低，链路故障对网络的影响最大，总线的故障导致网络瘫痪。此外，节点数量的增多也影响网络性能。

3. 环型结构

环型结构如图7-4(c)所示，各节点通过链路连接，在网络中形成一个首尾相接的闭合环路，信息在环中作单向流动，通信线路共享。

这种拓扑结构的优点是：结构简单，容易实现，信息的传输延迟时间固定，且每个节点的通信机会相同。

缺点是：网络建成后，增加新的节点较困难。此外，链路故障对网络的影响较大，只要有一个节点或一处链路发生故障，则会造成整个网络的瘫痪。

4. 网状型结构

网状结构如图 7-4(d)所示。在网状结构中，节点之间的连接是任意的，每个节点都有多条线路与其他节点相连，这样使得节点之间存在多条路径可选。

这种拓扑结构的优点是：可靠性好，节点的独立处理能力强，信息传输容量大。

缺点是：结构复杂，管理难度大，投资费用高。

网状结构是一种广域网常用的拓扑结构，互联网大多也采用这种结构。

5. 树状结构

树状结构是从总线型拓扑结构演变而来的，其形状像一棵倒置的树，顶端是树根，树根以下带分支，每个分支还可再带子分支。它是总线型结构的扩展，它是在总线网上加上分支形成的，其传输介质可以有多条分支，但不形成闭合回路。树状网是一种分层网，其结构可以对称，联系固定，具有一定的容错能力，一般一个分支和节点的故障不影响另一分支节点的工作，任何一个节点送出的信息都可以传遍整个传输介质，也是广播式网络。

7.4.2 按网络的管理方式分类

网络按照其管理方式可分为客户机/服务器网络和对等网络。

1. 客户机/服务器网络(Client/Server)

在客户机/服务器网络(简称 C/S 结构)中，有一台或多台高性能的计算机专门为其他计算机提供服务，这类计算机称为服务器；而其他与之相连的用户计算机通过向服务器发出请求可获得相关服务，这类计算机称为客户机。

C/S 结构是最常用、最重要的一种网络类型。在这种网络中，多台客户机可以共享服务器提供的各种资源，可以实现有效的用户安全管理和用户数据管理，网络的安全性容易得到保证，计算机的权限、优先级易于控制，监控容易实现，网络管理能够规范化。但由于绝大多数操作都需通过服务器来进行，因而存在工作效率低、客户机上的资源无法实现直接共享等缺点。

2. 对等网络

对等网络是最简单的网络，网络中不需要专门的服务器，接入网络的每台计算机没有工作站和服务器之分，都是平等的，既可以使用其他计算机上的资源，也可以为其他计算机提供共享资源。比较适合于部门内部协同工作的小型网络。

对等网络组建简单，不需要专门的服务器，各用户分散管理自己计算机的资源，因而网络维护容易；但较难实现数据的集中管理与监控，整个系统的安全性也较低。

7.4.3 按网络的地理覆盖范围分类

网络按照网络的地理覆盖范围可分为局域网、城域网和广域网。

1. 局域网(Local Area Network，LAN)

局域网是在局部范围内构建的网络，其覆盖范围一般在几千米以内，通常不超过 10km。对于局域网，美国电气电子工程师协会(IEEE)的局部地区网络标准委员会曾提出如下定义："局部地区网络在下列方面与其他类型的数据网络不同：通信一般被限制在中等规模的地理区域内，例如，一座办公楼、一个仓库或一所学校；能够依靠具有从中等到较高数据率的物理通信信道，而且这种信道具有始终一致的低误码率；局部地区网是专用的，由单一组织机构所使用。"

局域网既是一个独立使用的网络，同时也是城域网或广域网的基本单位，通过局域网的互联，可构成满足不同需要的网络，因此局域网是网络的基础。局域网覆盖的地理范围有限，通常不涉及远程通信问题，因而易于组建，同时也便于维护和扩展。

局域网的主要特点可以归纳如下：

(1) 地理范围有限。参加组网的计算机通常处在 1～2km 的范围内。

(2) 具有较高的通频带宽，数据传输率高，一般为 1～20Mb/s。

(3) 数据传输可靠，误码率低。传错率一般为 10^{-7}～10^{-12}。

(4) 局域网大多采用总线型及环型拓扑结构，结构简单，实现容易。网上的计算机一般采用多路访问技术来访问信道。

(5) 网络的控制一般趋向于分布式，从而减少了对某个节点的依赖性，避免或减小了一个节点故障对整个网络的影响。

(6) 通常网络归一个单一组织所拥有和使用，也不受任何公共网络当局的规定约束，容易进行设备的更新和新技术的引用，不断增强网络功能。

2. 城域网(Metropolitan Area Network，MAN)

城域网的规模介于局域网与广域网之间，其范围可覆盖一个城市或地区，一般为几千米至几十千米。城域网的设计目标是要满足城市范围内的机关、工厂、医院等企事业单位的计算机联网需求，形成大量用户和多种信息传输的综合信息网络。城域网技术的特点之一是使用具有容错能力的双环结构，并具有动态分配带宽的能力，支持同步和异步数据传输，并可以使用光纤作为传输介质。

城域网的主要特征有：

(1) 地理覆盖范围可达 100km。

(2) 传输速率为 45～150Mb/s。

(3) 工作站数大于 500 个。

(4) 传错率小于 10^{-9}。

(5) 传输介质主要是光纤。

(6) 既可用于专用网，又可用于公用网。

3. 广域网(Wide Area Network，WAN)

广域网又称远程网，是一种跨越较大地域的网络，其范围可跨越城市、地区，甚至国家。由于广域网分布距离较远，其通信速率要比局域网低得多，而信息传输误码率要比局域网高得多。

在广域网中，通常是租用分用线路进行通信，如利用公用电话网络、借助于卫星等。当然也有专门铺设的线路，这就需要完善的通信服务与网络管理。广域网的物理网络本身往往包含许多复杂的分组交换设备，通过通信线路连接起来，构成网状结构。由于广域网一般采用点对点的通信技术，所以必须解决路由问题。广域网与局域网相比，不仅建设投资高，运行管理费用也很大。

7.4.4　按网络的使用范围分类

网络按照使用范围可分为公用网和专用网。

1. 公用网(Public Network)

公用网一般是由国家邮电或电信部门建设的通信网络。按规定缴纳相关租用费用的部门和个人均可以使用公用网。

2. 专用网(Private Network)

专用网是为一个或几个部门所拥有，它只为拥有者提供服务，这种网络不向拥有者以外的人提供服务。例如，军队、铁路、电力系统等均拥有各自系统的专用网。

随着信息时代的到来，各企业纷纷采用 Internet 技术建立内部专用网(Intranet)。它以 TCP/IP 协议作为基础，以 Web 为核心应用，构成统一和便利的信息交换平台。

7.5 TCP/IP 协议

协议是网络中计算机之间相互通信的一组规则或标准，有了协议，计算机之间就像拥有了可以相互沟通的语言，能够互相理解对方的意图，可以互相传递信息。在网络发展的过程中，协议也出现了很多种，所以计算机上的协议也需要相互一致，通信才能成功。不同的协议具有不同的功能，完成不同的任务。

TCP/IP Transmission 是用于计算机和大型网络之间相互通信的行业标准协议，也是我们使用最多的协议。

7.5.1 IP 地址

IP 地址是 IP 网络中数据传输的依据，它标识了 IP 网络中的一个连接，一台主机可以有多个 IP 地址。IP 分组中的 IP 地址在网络传输中是保持不变的。

现在的 IP 网络使用 32 位地址，以点分十进制表示，如 192.168.0.1。

地址格式为：IP 地址=网络地址+主机地址或 IP 地址=网络地址+子网地址+主机地址。

网络地址是由 Internet 权力机构(InterNIC)统一分配的，目的是保证网络地址的全球唯一性。主机地址是由各个网络的系统管理员分配。因此，网络地址的唯一性与网络内主机地址的唯一性确保了 IP 地址的全球唯一性。

7.5.2 IP 地址分类

IP 地址采用分层结构。IP 地址由网络号与主机号两部分组成。其中，网络号用来标识一个逻辑网络，主机号用来标识网络中的一台主机。一台 Internet 主机至少有一个 IP 地址，而且这个 IP 地址是全网唯一的。IP 地址分类如表 7-1 所示。

表 7-1   IP 地址分类

地 址 类 型	地 址 范 围	说　明
A 类	001.hhh.hhh.hhh～127.hhh.hhh.hhh	第 1 段是网络 ID，其余 3 段是主机 ID
B 类	128.000.hhh.hhh～191.255.hhh.hhh	前 2 段是网络 ID，其余 2 段是主机 ID
C 类	192.000.000.hhh～223.255.255.hhh	前 3 段是网络 ID，最后 1 段是主机 ID
D 类	224.000.000.000～239.255.255.255	组播地址
E 类	240.000.000.000～255.255.255.255	研究用地址

7.6   Internet 基础知识

Internet 也称为因特网，是指由遍布世界各地的计算机和各种网络在 TCP/IP 协议基础上互连起来的网络集合体。凡采用 TCP/IP 协议，且能与 Internet 中任何一台主机进行通信的计算机都可以看成是 Internet 的组成部分。

7.6.1   Internet 的起源和发展

1. Internet 的起源

Internet 起源于美国国防部高级研究计划局(Advanced Research Projects Agency，ARPA)于 1968 年为冷战目的而研制的计算机实验网 ARPANET。

ARPANET 通过一组主机—主机间的网络控制协议(NCP)，把美国的几个军事及研究用计算机主机互相连接起来，目的是当网络的部分站点被损坏后，其他站点仍能正常工作，并且这些分散的站点能通过某种形式的通信网取得联系。1973 年 ARPANET 实现了与挪威和英格兰的计算机网络互联。从 1973 年到 1974 年，TCP/IP 协议的体系结构和规范逐渐成形。

1982 年，ARPANET 又实现了与其他多个网络的互联，并开始全面由 NCP 协议转向 TCP/IP 协议。1983 年，ARPANET 分成两部分：一部分为军用网，称为 MILNET；另一部分为民用网，仍称 ARPANET。ARPANET 以 TCP/IP 协议作为标准协议，是早期的 Internet 主干网。TCP/IP 有一个非常重要的特点，就是开放性，即 TCP/IP 的规范和 Internet 的技术都是公开的。目的是使任何厂家生产的计算机都能相互通信，使 Internet 成为一个开放的系统。这正是后来 Internet 得到飞速发展的重要原因。

2. Internet 的发展

Internet 的真正发展是从美国国家科学基金会(National Science Foundation，NSF) 1986 年建成的 NSFNET 广域网开始。1989 年，在 MILNET 实现和 NSFNET 的连接之后，Internet 的名称被正式采用，NSFNET 也因此彻底取代了 ARPANET 而成为 Internet 的主干网。自此以后，美国其他部门的计算机网络相继并入 Internet。到 20 世纪 90 年代初期，Internet 事实上已经成为一个网络的网络，即各个子网分别负责自己网络的架设和运作的费用，并通过 NFSNET 互连起来。1992 年，Internet 协会成立。

3. Internet 的普及

20 世纪 90 年代初，美国 IBM、MCI、MERIT 三家公司联合组建了一个 ANS (Advanced Network and Services)公司，建立了一个覆盖全美的 T3(44.746Mb/s)主干网 ANSNET，并成为 Internet 的另一个主干网。1991 年底，NFSNET 的全部主干网都与 ANS 的主干网 ANSNET 连通。与 NFSNET 不同的是，ANSNET 属 ANS 公司所有，而 NFSNET 则是由美国政府资助的。

ANSNET 的出现使 Internet 开始走向商业化的新进程，1995 年 4 月 30 日，NFSNET 正式宣布停止运作。随着商业机构的介入，出现了大量的 ISP(Internet Service Provider，Internet 服务提供商)和 ICP(Internet Content Provider，Internet 内容提供商)，极大地丰富了 Internet 的服务和内容。世界各工业化国家，乃至一些发展中国家都纷纷实现了与 Internet 的连接，使 Internet 迅速发展扩大成全球性的计算机互联网络。目前加入 Internet 的国家已超过 150 个。

4. Internet 在中国的发展

1986 年，北京市计算机应用技术研究所实施的国际联网项目——中国学术网

(Chinese Academic Network，CANET)启动，其合作伙伴是德国卡尔斯鲁厄大学。1987年 9 月，CANET 在北京计算机应用技术研究所内正式建成中国第一个国际互联网电子邮件节点，揭开了中国人使用互联网的序幕。

1990 年 11 月 28 日，我国正式在 SRI-NIC(Stanford Research Institute's Network Information Center)注册登记了中国的顶级域名 CN，并且从此开通了使用中国顶级域名 CN 的国际电子邮件服务。

我国自 1994 年正式加入 Internet 后，并在同年开始建立与运行自己的域名体系，发展速度相当迅速。全国已建起具有相当规模与技术水平的 Internet 主干网。

1997 年 6 月 3 日，中国互联网信息中心(CNNIC)在北京成立，并开始管理我国的Internet 主干网。CNNIC 的主要职责是：

(1) 为我国的互联网用户提供域名注册、IP 地址分配等注册服务。

(2) 提供网络技术资料、政策与法规、入网方法、用户培训等信息服务。

(3) 提供网络通信目录、主页目录与各种信息库等目录服务。

CNNIC 的工作委员会由国内著名专家与主干互联网的代表组成，他们的具体任务是协助制定网络发展的方针与政策，协调我国的信息化建设工作。

7.6.2　Internet 的信息服务方式

Internet 的三个基本功能是共享资源、交流信息、发布和获取信息。为了实现这些功能，Internet 资源服务大多采用的是客户机/服务器模式，即在客户机与服务器中同时运行相应的程序，使用户通过自己的计算机，获取网络中服务器所提供的资源服务，如图 7-5 所示。

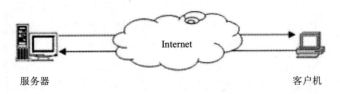

服务器　　　　　　　　　　　　　　　　　　　客户机

图 7-5　Internet 中的客户机/服务器模式

Internet 上具有丰富的信息资源，为用户提供各种各样的服务和应用。下面介绍四种常用的信息服务方式。

1. 电子邮件(E-mail)

电子邮件是一种通过计算机网络与其他用户进行联系的快速、简便、高效、价廉的现代化通信手段，是 Internet 上最受欢迎、最普遍的应用之一。

(1) 电子邮件的主要特点是应用范围广泛、通信效率高、使用方便。

(2) 电子邮件系统使用的协议是 SMTP 和 POP3，并采用"存储—转发"的工作方式。在这种工作方式下，当用户向对方发送邮件时，邮件从该用户的计算机发出，通过网络中的发送服务器和多台路由器中转，最后到达目的服务器，并把该邮件存储在对方的邮箱中；当对方启用电子邮件软件进行联机接收时，邮件再从其邮箱中转发到他的计算机中。

(3) 与普通邮件一样，电子邮件也必须按地址发送。电子邮件地址标识邮箱在网络中的位置，其格式为(@表示 at 的含义)：×××@×××.×××。

(4) 电子邮件的地址具有唯一性，每个电子邮件只能对应于一个用户。但一个用户可以拥有多个电子邮件。

2. 远程登录(Telnet)

远程登录是指在 Telnet 协议的支持下，本地计算机通过网络暂时成为远程计算机终端的过程，使用户可以方便地使用异地主机上的硬件、软件资源及数据。

Telnet 远程登录程序由运行在用户的本地计算机(客户端)上的 Telnet 客户程序和运行在要登录的远程计算机(服务器端)上的 Telnet 服务器程序组成。

3. 文件传输(FTP)

在 Internet 上，利用文件传送协议，可以实现在各种不同类型的计算机系统之间传输各类文件。

使用文件传输服务，通常要求用户在 FTP 服务器上有注册账号。但是，在 Internet 上，许多 FTP 服务器提供匿名(anonymous)服务，允许用户登录时以 anonymous 为用户名，以自己的电子邮件地址作口令。出于安全考虑，大部分匿名服务器只允许匿名 FTP 用户下载文件，而不允许上传文件。

4. 万维网(WWW)

信息的浏览与查询是 Internet 提供的独具特色和最富有吸引力的服务。目前，使用最广泛和最方便的是基于超文本方式的、可提供交互式信息服务的 WWW(World Wide Web)。

WWW 不是传统意义上的物理网络，是基于 Internet、由软件和协议组成、以超文本文件为基础的全球分布式信息网络，所以称为万维网。常规文本由静态信息构成，而超文本的内部含有链接，使用户可在网上对其所追踪的主题从一个地方的文本转到另一个地方的另一个文本，实现网上漫游。正是这些超链接指向的纵横交错，使得分布在全球各地不同主机上的超文本文件(网页)能够链接在一起。

7.6.3　Internet 应用基础

WWW 采用文本、图片、动画、音频、视频等多媒体技术手段，向用户提供大量动态实时信息，而且界面友好，使用简单。

WWW 技术的基础有两个方面：超文本传输协议(Hyper Text Transfer Protocol，HTTP)和超文本标记语言(Hyper Text Markup Language，HTML)。HTTP 用于通信双方之间传递由 HTML 构成的信息，而 HTML 用于如何把信息显示给用户。与 Internet 上其他许多服务一样，WWW 采用 C/S 的工作方式。它的服务器就是 WWW 服务器(也称 Web 服务器)，它的客户机称为 Web 浏览器(Browser)。

HTTP 是一种请求响应类协议：客户机向服务器发送请求，服务器在 HTTP 默认的端口 80 响应请求，一旦连接成功，双方即可交换信息。

1. 基本知识

(1) 网站

网站是指以 Web 应用为基础，为用户提供信息和服务的 Internet 网络站点。

(2) 网页

网页是指在 Internet 上以 WWW 技术为用户提供信息的基本单元，因类似于图书的页面而得名，也可以看做包含文字、图形、图像、动画、音频、视频等信息容器。通过浏览器登录上某个 Web 网站所能见到的第一个网页，称为主页，即 Homepage。

(3) HTML

HTML 是超文本标记语言的缩写，是一种 Web 网页的内容格式和结构的描述语言。实际上，网页的内容能够以文字、图形、图像、动画、音频、视频等形式通过浏览器生动地展现在用户面前，就是因为在网页中使用 HTML 标记来指定各种显示格式和效果，而浏览器则负责翻译并显示这些效果。

(4) HTTP

HTTP 是用于 WWW 客户机和服务器之间进行信息传输的协议，它是一种请求响应的协议：客户机向服务器发出请求，服务器则对这个请求做出响应。例如，由 HTML 标记语言构成的网页就是利用 HTTP 协议传送的。

(5) URL

URL 是全球统一资源定位器(Uniform Resource Locator)的缩写，用来唯一地标识某个网络资源，如网站的地址。

2. WWW 浏览器

Internet 中的网站成千上万，要想在网络的海洋里自由地冲浪，浏览器是必不可少的。那么什么是浏览器呢？

浏览器是一种基于 Web 技术的客户端软件，安装在网络用户的计算机上。用户利用浏览器向 Web 服务器提出服务请求，例如请求某网页，服务器响应请求后向用户发送所请求的网页，浏览器收到该网页后分析、解释网页的 HTML 标记，并按相应的格式和效果在用户的计算机上显示该网页。需要指出的是，当前许多 WWW 浏览器不仅仅是 HTML 文件的浏览器，同时也能作为 FTP、E-mail 等网络应用的客户端软件。

WWW 浏览器有很多种，其中最流行的是 Microsoft 公司的 IE(Internet Explorer) 浏览器和 Netscape 公司的 Navigator 浏览器，这两种浏览器功能齐全，使用方便，绝大多数网站都支持这两种浏览器。

(1) Microsoft 公司的 Internet Explorer

Internet Explorer 是由美国 Microsoft 公司开发的 WWW 浏览器软件。Internet Explorer 的出现虽比 Navigator 晚一些，但由于 Microsoft 公司在计算机操作系统领域的优势，以及其本身是一个免费软件，它在浏览器市场的占有率逐年增长。新版本的 Internet Explorer 将 Internet 中使用的整套工具集成在一起。可以使用 Internet Explorer 来浏览主页、收发电子邮件、阅读新闻组、制作与发表主页或上网聊天。图 7-6 所示是 IE 6.0 打开后的窗口界面。

图 7-6 IE 浏览器窗口界面

(2) Netscape 公司的 Navigator

Navigator 是由美国 Netscape 公司开发的 WWW 浏览器软件。Navigator 的出现，给网络用户带来了很大的方便，得到了非常广泛的应用。新版本的 Navigator 软件将 Internet 中使用的整套工具集成在一起。可以使用 Navigator 来浏览主页、收发电子邮件、阅读新闻组、制作与发表主页或上网聊天。

3. 搜索引擎

Internet 中拥有数目众多的 WWW 服务器，而且 WWW 服务器所提供的信息种类和所覆盖的领域也极为丰富，如果要求用户了解每台 WWW 服务器的主机名，以及它所提供的资源种类，这简直就是天方夜谭。那么，用户如何能在数百万个网站中快速、有效地查找到想要得到的信息呢？这就要借助 Internet 中的搜索引擎。

搜索引擎是 Internet 上的一个 WWW 服务器，它的主要任务是在 Internet 中主动搜索其他 WWW 服务器中的信息并对其自动索引，将索引内容存储在可供查询的大型数据库中，用户可以利用搜索引擎所提供的分类目录查找所需要的信息。

用户在使用搜索引擎之前必须要知道搜索引擎站点的主机名，通过该主机名用户便可以访问到搜索引擎站点的主页。使用搜索引擎，用户只需要知道自己要查找什么，或要查找的信息属于哪一类。当用户将自己要查找信息的关键字告诉搜索引擎后，搜索引擎会返回给用户包含该关键字信息的 URL，并提供通向该站点的链接，用户通过这些链接便可以获取所需的信息。图 7-7 所示是目前用户最喜欢的百度搜索引擎的主界面。

图 7-7　百度搜索引擎主页面

7.6.4 文件传输服务

1. 文件传输的概念

文件传输服务又称为 FTP 服务，它是 Internet 中最早提供的服务功能之一，在 Internet 上，利用文件传输服务，可以实现在各种不同类型的计算机系统之间传输各类文件。

文件传输服务是由 FTP 应用程序提供的，而 FTP 应用程序遵循的是 TCP/IP 协议组中的文件传输协议，它允许用户将文件从一台计算机传输到另一台计算机，并且能保证传输的可靠性。

由于采用 TCP/IP 协议作为 Internet 的基本协议，因此，无论两台 Internet 的计算机在地理位置上相距多远，只要它们都支持 FTP 协议，那么它们之间就可以随意地相互传送文件。这样做不仅可以节省实时联机的费用，而且可以方便地阅读与处理传输过来的文件。

在 Internet 中，许多公司、学校的主机上含有数量众多的各种程序与文件，这是 Internet 的巨大与宝贵的信息资源。通过使用 FTP 服务，用户就可以方便地访问这些信息资源。采用 FTP 传输文件时，不需要对文件进行复杂的转换，因此 FTP 服务的效率比较高。在使用 FTP 服务后，等于使每个联网的计算机都拥有一个容量巨大的备份文件库，这是单个计算机无法比拟的优势。

2. 文件传输的工作过程

FTP 服务采用的是典型的客户机/服务器工作模式，它的工作过程如图 7-8 所示。提供 FTP 服务的计算机称为 FTP 服务器，它通常是信息服务提供者的计算机，相当于一个文件仓库。用户的本地计算机称为客户机。我们将文件从 FTP 服务器传输到客户机的过程称为下载；而将文件从客户机传输到 FTP 服务器的过程称为上传。

FTP 服务是一种实时的联机服务，用户在访问 FTP 服务器之前必须进行登录，登录要求用户给出其在 FTP 服务器上的合法账号和口令。只有成功登录的用户才能访问该 FTP 服务器，并对授权的文件进行查阅和传输。FTP 的这种工作方式限制了 Internet 上一些公用文件和资源的发布。为此，多数的 FTP 服务器都提供了一种匿名服务。

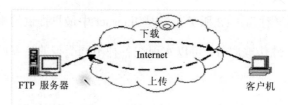

图 7-8　FTP 传输工作过程

3. 匿名 FTP 服务

匿名 FTP 服务的实质是：提供服务的机构在它的 FTP 服务器上建立一个公开账户(一般为 Anonymous)，并赋予该账户访问公共目录的权限，以便提供免费服务。如果用户要访问这些提供匿名服务的 FTP 服务器，一般不需要输入用户名与用户密码。如果需要输入它们，可以用 Anonymous 作为用户名，用 Guest 作为用户密码；有些 FTP 服务器可能会要求用户用自己的电子邮件地址作为用户密码。提供这类服务的服务器叫做匿名 FTP 服务器。

目前，Internet 用户使用的大多数 FTP 都是匿名服务。为了保证 FTP 服务器的安全，几乎所有的匿名 FTP 服务都只允许用户下载文件，而不允许用户上传文件。

4. FTP 客户端程序

目前，常用的 FTP 客户端程序通常有以下三种类型：传统的 FTP 命令行、浏览器与 FTP 下载工具。

传统的 FTP 命令行是最早的 FTP 客户端程序，它在 Windows 95 中仍然能够使用，但是需要进入 MS-DOS 窗口。FTP 命令包括了 50 多条命令，初学者比较难于使用。

目前的浏览器不但支持 WWW 方式访问，还支持 FTP 方式访问，通过它可以直接登录到 FTP 服务器并下载文件。例如，如果要访问南开大学的 FTP 服务器，只需在 URL 地址栏中输入 ftp://ftp.nankai.edu.cn 即可。

在使用 FTP 命令行或浏览器从 FTP 服务器下载文件时，如果在下载过程中网络连接意外中断，下载的那部分文件将会前功尽弃。FTP 下载工具可以解决这个问题，通过断点续传功能就可以继续进行剩余部分的传输。目前，常用的 FTP 下载工具主要有 CuteFTP、LeapFTP 等。

7.6.5　Internet 常见术语

Internet：因特网，也叫互联网，全球的计算机网络彼此互联达到服务与资源的共享。

ISP：因特网服务提供商(Internet Service Provider)。

Web：万维网(World Wide Web)，缩写为 WWW 或简称为 Web。

超文本：一种全局性的信息结构，它将文档中的不同部分通过文字建立连接，使信息得以用交互式方式搜索。

HTTP：超文本传输协议，用来实现主页信息的传送。

主页：通过万维网进行信息查询时的起始信息页，即常说的网络站点的 WWW 首页。

BBS：Bulletin Board System，即电子公告栏系统。

E-mail：电子邮件(Electronic mail)，通过网络来传递的邮件。

FTP：超文本传输协议，用来实现主页信息的传送。

HTML：超文本标记语言，用来制作 Web 页面，页面的扩展名为 html 或 htm。

POP：Post Office ProtocOl，因特网上收取电子邮件的通信协议。

SMTP：Simple Mail Transfer ProtocOl，因特网邮件发送协议。

TCP/IP：传输控制协议和互联网络协议，因特网上使用最广泛的网络通信协议。

【小结】

- 计算机网络，是指将地理位置不同的具有独立功能的多台计算机及其外部设备，通过通信线路连接起来，在网络操作系统、网络管理软件及网络通信协议的管理和协调下，实现资源共享和信息传递的计算机系统
- 计算机网络的主要作用：资源共享、通信、分布式处理、提高系统的可靠性
- 计算机网络中常见的拓扑结构有总线型、星型、环型、网状和树状
- IP 地址分类
- Internet 中常见的应用

【自测题】

1. 计算机网络如果按地理覆盖范围进行分类，可分为_____、_____和_____。

2. IP 地址由_____和_____组成。

3. 常用的三类 IP 地址的有效网络号的范围为：A 类_____，B 类_____，C 类_____。

4. B 类子网的子网掩码是_____。

【上机部分】

上机目标

熟悉 IP 地址查询。

上机练习

◆ 第一阶段 ◆

练习：查询本机的 IP 地址

问题描述：

如何通过命令行查询本机的 IP 地址。

问题分析：

本练习主要是学习使用命令行查询本机的 IP 地址。

参考步骤：

(1) 打开命令行窗口。

(2) 在命令行窗口中输入 "ipconfig"。

(3) 接着在黑窗口中会显示如图 7-9 所示的效果图。

```
C:\WINDOWS\system32\cmd.exe
Microsoft Windows [版本 5.2.3790]
(C) 版权所有 1985-2003 Microsoft Corp.

C:\Documents and Settings\Administrator>ipconfig

Windows IP Configuration


Ethernet adapter 本地连接 2:

        Connection-specific DNS Suffix  . :
        IP Address. . . . . . . . . . . . : 192.168.1.105
        Subnet Mask . . . . . . . . . . . : 255.255.255.0
        Default Gateway . . . . . . . . . : 192.168.1.1

C:\Documents and Settings\Administrator>
```

图 7-9 查询本机 IP 地址最终效果

【课后作业】

请使用 "Ping" 命令，判断自己的计算机是否能与百度(www.baidu.com)相连。

参考文献

[1] 金忠伟. 计算机应用——职业办公技能教程. 北京：北京师范大学出版社，2011

[2] 牟绍波，刘义常. 计算机应用基础(第2版). 北京：清华大学出版社，2010

[3] 袁天生，王虎. 计算机应用基础. 北京：北京理工大学出版社，2011